Rotes Heft/Ausbildung kompakt 216

Einsatz »Brandmeldeanlage«

Praktische Hinweise für den Zug- und Gruppenführer

von

Jochen Thorns

Stadtbrandmeister

Freiwillige Feuerwehr Filderstadt

3., erweiterte und überarbeitete Auflage

Verlag W. Kohlhammer

3. Auflage 2022

Gesamtherstellung: W. Kohlhammer GmbH, Stuttgart

Print:
ISBN 978-3-17-040605-6

E-Book-Formate:
pdf: ISBN 978-3-17-040607-0
epub: ISBN 978-3-17-040608-7

Vorwort

Jede Brandmeldeanlage löst – statistisch gesehen – etwa zweimal pro Jahr aus. Dass eine Feuerwehrführungskraft es mit einer Brandmeldeanlage zu tun bekommt, ist also relativ wahrscheinlich – gerade auch, weil diese Anlagen keineswegs mehr nur auf Städte und große Gemeinden beschränkt sind, sondern sich auch immer häufiger in kleinen Gemeinden aufgrund der Vorschriften des Baurechts finden. Problematisch ist jedoch, dass sich die fachlich richtige Bedienung einer Brandmeldeanlage kaum in der Feuerwehrausbildung niederschlägt. Zwar werden in den Führungslehrgängen taktische Überlegungen durchaus vermittelt; der junge Gruppenführer kennt jedoch oft nicht die standardisierten Bedienfunktionen.

Dieses Rote Heft wendet sich daher besonders an junge Führungskräfte und will die Lücke zwischen der Ausbildungstheorie und der Einsatzpraxis schließen. Aus diesem Grund werden vor allem Einsatzgrundlagen vermittelt. Nicht enthalten sind daher die Vorschriften der Planung, Installation und Wartung, denn dieses ist nicht Feuerwehraufgabe.

Gegenüber der Vorauflage wurde das Heft vollständig durchgesehen, ergänzt und aktualisiert sowie um die Kapitel »Leiter und Doppelbodenheber«, »Alarmübertragung auf Tablet-PC« und »Interne Brandmeldeanlagen« erweitert.

Filderstadt, im Dezember 2021
Jochen Thorns

Vorwort

Wichtiger Hinweis

Der Verfasser hat größte Mühe darauf verwendet, dass die Angaben und Anweisungen dem jeweiligen Wissensstand bei Fertigstellung des Werkes entsprechen. Weil sich jedoch die technische Entwicklung sowie Normen und Vorschriften ständig im Fluss befinden, sind Fehler nicht vollständig auszuschließen. Daher übernehmen der Autor und der Verlag für die im Buch enthaltenen Angaben und Anweisungen keine Gewähr.

Inhaltsverzeichnis

I Technische Einrichtungen

In diesem Abschnitt werden die technischen Einrichtungen, also die Bestandteile, der Brandmeldeanlage dargestellt und die jeweilige Funktionsweise in Grundzügen erläutert. Die Bedienung findet sich im Abschnitt »II Einsatztaktische Hinweise«.

1 Kennzeichnung der Brandmeldeanlage

Der Zugang zur Brandmelderzentrale (BMZ) oder zum Feuerwehr-Bedienfeld und Feuerwehr-Anzeigetableau (gemeinsam oft als Feuerwehrinformations- bzw. Feuerwehreinsatzzentrale bezeichnet) sollte immer beschildert sein. Es ist ein Hinweisschild nach DIN 4066 »Hinweisschilder für die Feuerwehr« mit der Aufschrift »BMZ« vorgesehen (Bild 1). Richtungspfeile können das Schild ergänzen. Anstelle der Aufschrift BMZ finden sich teilweise auch die Aufschriften »BMA« für Brandmeldeanlage oder »FIZ« für Feuerwehrinformationszentrale. Alle drei Beschriftungen kennzeichnen die Erstinformationsstelle, also den Ort, welchen die Feuerwehr beim Auslösen einer Brandmeldeanlage aufsuchen muss.

Bild 1: ***Der Standort der BMZ ist mit einem Schild nach DIN 4066 gekennzeichnet. (Grafik: VWK)***

2 Technische Komponenten der Brandmeldeanlage

Eine Brandmeldeanlage (BMA) besteht in der Regel aus den in Bild 2 dargestellten Komponenten:

- Brandmelderzentrale (BMZ),
- Übertragungseinrichtung (ÜE),
- Feuerwehr-Anzeigetableau (FAT),
- Feuerwehr-Bedienfeld (FBF),
- Feuerwehrplan,
- Feuerwehr-Laufkarten,
- Feuerwehr-Schlüsseldepot (FSD),
- Freischaltelement (FSE).

Je nach den so genannten Technischen Anschlussbedingungen der zuständigen Leitstelle oder auch den Anforderungen der Bauaufsicht bzw. des Betreibers kann es Abweichungen geben. Gerade bei älteren Brandmeldeanlagen fehlen oft – heute fast selbstverständliche – Komponenten, wie Freischaltelement, Feuerwehr-Bedienfeld oder Feuerwehr-Anzeigetableau.

Einige Begrifflichkeiten: Eine Brandmeldeanlage wird immer in einem Objekt betrieben; der Eigentümer/Nutzer des Objektes ist der so genannte Betreiber. Zuvor war die Anlage geplant und durch eine Firma schließlich eingebaut worden (= Errichter). Der Errichter nutzte dazu Komponenten eines Systemlieferanten (= Hersteller). Die Nutzung der Übertragungswege wird in vielen Regionen (meist auf einen Landkreis oder

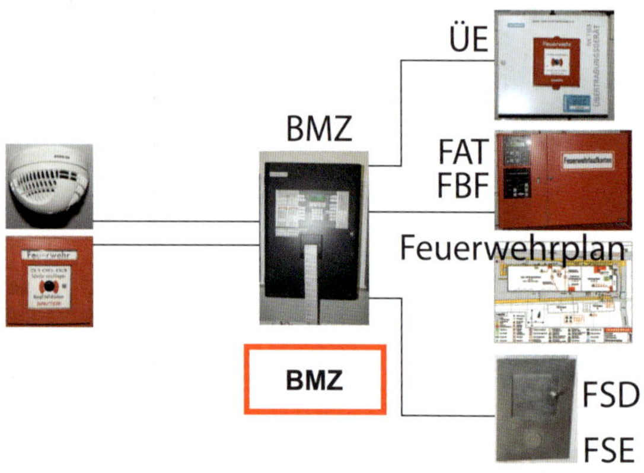

Bild 2: ***Komponenten einer Brandmeldeanlage (Grafik: VWK)***

eine kreisfreie Stadt bezogen) mit einer Konzession versehen; d. h., nur ein Anbieter (der Konzessionär) darf die Brandmeldeanlage auf die Feuerwehrleitstelle aufschalten.

2.1 Freischaltelement (FSE)

Das Freischaltelement (FSE) ist zwar ein Bestandteil der Brandmeldeanlage, befindet sich jedoch immer außerhalb des Objektes, meist eingebaut in einer Außenwand oder einer speziellen Edelstahlsäule. Das Freischaltelement ist in der Regel ein Schlüsselschalter mit einem Steck- oder Profilhalbzylinder der so genannten Feuerwehrschließung. Es dient dem manuellen, künstlichen Auslösen der Brandmeldeanlage durch die Einsatzkräfte, zum Beispiel bei einem sichtbaren Feuer (ohne bisherige Auslösung der BMA) oder bei einem Wasserschaden. Durch die manuelle Auslösung der BMA mittels des FSE können die Einsatzkräfte das Feuerwehr-Schlüsseldepot öffnen und gewaltfrei zur Gefahrenabwehr ins Gebäude gelangen. Durch die automatische Auslösung des Alarms der Brandmeldeanlage in der Leitstelle wird ein illegaler Zutritt ins Gebäude ausgeschlossen. Aus diesem Grund sollte die Auslösung des FSE durch den Einsatzleiter der Leitstelle über Funk mitgeteilt werden. Im normalen Einsatzfall, also bei einer Auslösung der BMA, hat das FSE keine einsatzrelevante Bedeutung und muss daher vom Gruppenführer nicht beachtet werden.

Eine ältere Form eines Freischaltelementes ist die Montage eines Handfeuermelders außen am Gebäude neben dem Feuerwehrzugang. Durch die Auslösung dieses Melders wird die Brandmeldeanlage ebenfalls in den Alarmzustand versetzt und beispielsweise das Feuerwehr-Schlüsseldepot geöffnet. Um einem Missbrauch vorzubeugen, waren diese Handfeuermelder oft in einer Höhe von 2,5 m montiert, sodass man diese nur unter Verwendung eines Steckleiterteils erreichen konnte.

Bild 3: ***Beispiel für den Einbau eines FSE in einer Edelstahlsäule (Pfeil). Darunter befindet sich ein FSD 3.***

Bild 4: ***FSE in der Ausführung mit Steckschloss***

Bild 5: ***FSE in der Ausführung mit Profilhalbzylinder. Die Auslösung erfolgt durch einen Schlüsselschalter.***

Das FSE ist in der Regel mit einer Schutzkappe abgedeckt, die seitlich weggedreht werden kann. Bei neueren FSE ist diese Schutzkappe als Sabotageschutz magnetisch ausgeführt, sodass sich diese nicht einfach durch seitliches Drehen bewegen lässt. Hier muss mit einem Magneten die Kappe entriegelt und seitlich weggedreht werden. Diese Kappen lassen sich leicht durch die massive Materialausführung erkennen.

Bild 6: ***FSE mit Sabotageschutz. Dieses ist leicht an der dicken Materialstärke der Schutzkappe zu erkennen. Es muss mit einem Magneten entriegelt werden.***

2.2 Blitzleuchte

Die Blitzleuchte dient der Wegweisung für die Einsatzkräfte und kennzeichnet in der Regel den Standort des Feuerwehr-Schlüsseldepots und/oder des in der Nähe befindlichen Gebäudezugangs. Bei räumlich ausgedehnten Objekten ist es möglich, über eine Reihe von Blitzleuchten den Zugangsweg von der Feuerwehraufstellfläche bis zur Brandmelderzentrale zu kennzeichnen.

2.3 Feuerwehr-Schlüsseldepot (FSD)

Das Feuerwehr-Schlüsseldepot (FSD) wurde früher als Feuerwehrschlüsselkasten (FSK) bezeichnet; gerade bei älteren Brandmeldeanlagen findet sich diese Bezeichnung noch hin und wieder. Wie das Freischaltelement befindet sich auch das FSD immer außerhalb des Objektes in einer Außenwand oder einer freistehenden Edelstahlsäule. Das FSD dient der Aufbewahrung des Objektschlüssels (ggf. auch zusätzlicher Transponder bzw. Chips für elektronische Schließsysteme), damit die Einsatzkräfte das Objekt jederzeit gewaltfrei betreten können.

Es gibt gemäß DIN 14675 drei Arten von Feuerwehr-Schlüsseldepots:

- FSD 1,
- FSD 2,
- FSD 3.

Das FSD 1 ist ein einfaches Schlüsseldepot aus einem mechanisch stabilem Gehäuse, das auch als Schlüsselrohr ausgeführt sein kann. Es hat keine Sabotageüberwachung, keine Anbindung an die Brandmeldeanlage und ist bei geringen Risiken für die Aufbewahrung von Objektschlüsseln (Einzelschlüssel) mit untergeordneter Bedeutung zugelassen (z. B. für Zauntore, Schlüssel mit untergeordneter Bedeutung).

Das FSD 2 entspricht dem FSD 3, verfügt jedoch über keine Sabotageüberwachung. Daher dient es nur zur Verwahrung von Objektschlüsseln mit Einzelschließungen (keine Generalhauptschlüssel).

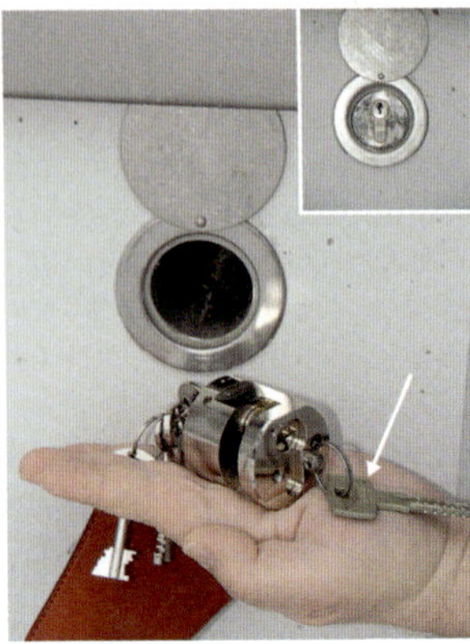

Bild 7: ***Beispiel für ein FSD 1, integriert in eine Gebäudewand. Im Vordergrund ist der Objektschlüssel zu sehen (Pfeil). Das kleine Bild zeigt das FSD 1 im verschlossenen Zustand.***

Das FSD 3 wird aus einem etwa fünf Millimeter starken Edelstahlkorpus oder aus einem Aluminiumkorpus mit Edelstahltüren gefertigt. Eine Flächenheizung verhindert das Zufrieren der Türen im Winter. Das FSD 3 verfügt über eine Sabotageüberwachung. Mindestens die Außentür des FSD wird gegen Missbrauch auf Durchbruch überwacht. In den meisten Objekten mit einer Brandmeldeanlage kommt das FSD 3 zur Anwendung.

Merke:

Bei älteren BMA ist die Sabotageüberwachung des FSD auf den Hauptmelder/die Übertragungseinrichtung geschaltet, sodass die Brandmeldeanlage blockiert ist, wenn das FSD nicht verriegelt.

Das FSD 3 besteht aus einer Außentür, die nach dem Auslösen der BMA automatisch elektromechanisch entriegelt wird. Die dahinter befindliche Innentür muss in der Regel mit der Doppelbart-Feuerwehrschließung (so genanntes Umstellschloss; allerdings sind auch andere Schließsysteme, beispielsweise mittels Profilhalbzylinder, grundsätzlich möglich) geöffnet werden. Dahinter ist der Objektschlüssel (meist ein Generalhauptschlüssel) in einer überwachten Schlüsselaufnahme deponiert.

Es gibt allerdings auch FSD 3 mit einer Aufnahme von bis zu 16 Objektschlüsseln, die vor allem in Einkaufszentren oder anderen Einrichtungen mit unterschiedlicher Nutzung zum

Bild 8: ***Beispiel für ein FSD 3 mit einer Aufnahme für vier Objektschlüssel***

Einsatz kommen können. Bei solchen FSD 3 mit einer großen Anzahl von Objektschlüsseln wird mittels einer elektronischen Sicherung nur der Schlüssel des Objektes freigegeben, in dem der Alarm ausgelöst worden ist. Bei FSD 3 mit einer Zahl von bis zu vier Objektschlüsseln sind in der Regel alle Objektschlüssel nach dem Auslösen der Brandmeldeanlage freigegeben.

Bild 9: ***FSD 3 eingemauert in einer Gebäudewand, mit darunter montiertem FSE***

Bei sehr kleingliedrig genutzten Objekten kann im FSD auch nur ein Schlüssel hinterlegt sein, welcher der Feuerwehr den Zugang zur Brandmelderzentrale ermöglicht. Dort muss dann ein Schlüsselschrank o. Ä. mit den weiteren benötigten Schlüsseln vorhanden sein. Die dann benötigten Schlüssel müssen auf der Feuerwehr-Laufkarte angegeben sein. Eine Alternative dazu sind mit der BMA verknüpfte Schlüsselschränke, an denen Leuchtdioden die benötigten Schlüssel anzeigen. Der bisher nicht genormte Feuerwehrschlüsselschrank (FSS) bietet Platz für bis zu 59 Schlüssel und kommt v. a. in Einkaufszentren u. Ä. zum Einsatz. Der FSS ist nur in Verbindung mit einem FSD 3 zulässig, welches den Generalhauptschlüssel enthält und der Feuerwehr so den Zugang zur gesicherten Brandmelderzentrale ermöglicht. Dort befindet sich der FSS, der nur über den im FSD 3 hinterlegten Schlüssel geöffnet werden kann. Über die Alarmauslösung der BMA wird die Außentür des FSS freigeschaltet. Eine Leuchtdiode zeigt in der Regel den benötigten Schlüssel an; es ist je nach Anlagenprogrammierung aber auch möglich, dass weitere Schlüssel benachbarter Meldebereiche freigegeben werden. Mittels einer speziellen Schließung kann die Feuerwehr auch alle Schlüssel freigeben. Die BMA kann nur zurückgesetzt werden, wenn der Schlüssel wieder in den Steckplatz eingesteckt wurde.

Besteht im mit einer Brandmeldeanlage ausgestatteten Objekt eine rund um die Uhr besetzte Stelle (z. B. Pförtner, der keine Kontrollgänge macht), so kann auf ein FSD unter Umständen verzichtet werden, weil die Feuerwehr das Objekt ja ständig betreten kann. Pflegepersonal, Stationsschwestern und Pförtner mit Kontrollgangaufgaben etc. werden in der

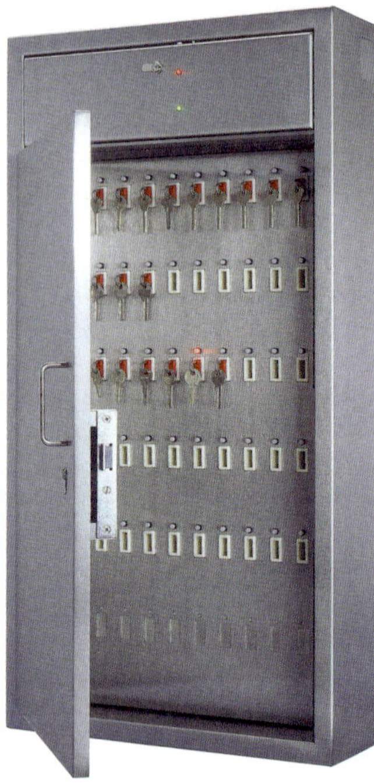

Bild 10: ***Der FSS kann bis zu 59 Schlüssel aufnehmen (Foto: Kruse Sicherheitssysteme)***

Regel nicht als ständig besetzte Stelle anerkannt, da sie ja nicht immer vor Ort sind.

2.4 Brandmelderzentrale (BMZ)

Die Brandmelderzentrale (BMZ) ist das Herzstück der Brandmeldeanlage. Während die Brandmeldeanlage die Gesamtheit der Anlage beschreibt, ist die BMZ die eigentliche Technik. Die BMZ sorgt für die Abfrage der Melderzustände, die Auswertung der Störungs- und Alarmmeldungen, die Überwachung der Leitungen des üblichen Telefonfestnetzmeldeweges (so genannte Primärleitung) und auch für die Energieversorgung (Brandmeldeanlagen arbeiten mit Betriebsspannungen von 12 bis 24 V Gleichstrom und verfügen über eine Ersatzstromversorgung/Batteriepufferung). Im Alarmfall steuert die BMZ die verschiedenen Komponenten der Brandmeldeanlage (z. B. Übertragungseinrichtung, Blitzleuchte, FSD) sowie die Brandfallsteuerungen an.

Merke:

Es heißt Brandmelderzentrale, aber Brandmeldeanlage.

Man unterscheidet nach der Art der Anlage der Melderleitungen BMZ mit Grenzwerttechnik oder mit Ringbustechnik. Bei der Grenzwerttechnik gehen die Melderlinien sternförmig von der BMZ aus; pro Linie (eine Linie entspricht einer Meldergruppe) können in der Regel bis zu 32 automatische Melder oder zehn Handfeuermelder angeschlossen werden. Bei der Ringbustechnik erfolgt die Verkabelung der Melder ringförmig, teilweise mit stichförmigen Abzweigungen (entsprechend der Grenzwerttechnik). Die Ringe dürfen dabei mehr als 128 Melder gleich welcher Bauart aufnehmen; die Bildung der

Meldergruppen erfolgt softwareseitig an der BMZ. Die Ringe werden oft auch als Schleifen oder Loop bezeichnet.

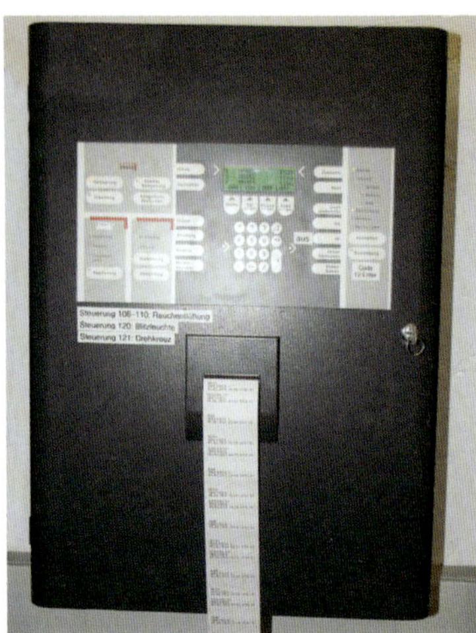

Bild 11: ***Beispiel für eine Brandmelderzentrale mit integriertem Protokolldrucker***

BMZ können mit einem Protokolldrucker versehen sein, welcher die Schalt- und Bedienvorgänge sowie die Auslösungen automatisch protokolliert, was vor allem bei nicht autorisierten Rückstellungen einer BMA durch den Betreiber vor dem Eintreffen der Feuerwehr für den Einsatzleiter bei der Rückverfolgung der Alarmursache hilfreich ist.

Ist die Tür der BMZ geöffnet, wird in der Regel kein Alarm an die Leitstelle weitergeleitet (Ausnahme: Hauptmelder); allerdings kann man dies aufgrund der Normregelungen nicht grundsätzlich ausschließen.

Brandmeldeanlagen können mit einer so genannten Alarmverzögerung von maximal 180 Sekunden versehen werden. Diese Betriebsart der BMA soll dazu beitragen, Falschalarme durch die von Mitarbeitern durchgeführte Lageerkundung zu vermeiden. Die Mitarbeiter müssen dabei den Alarm innerhalb von 30 Sekunden quittieren. Innerhalb der Erkundungszeit von 180 Sekunden wird der Alarm nur beim Auslösen eines zweiten Melders oder beim Drücken eines Handfeuermelders an die Leitstelle weitergeleitet.

2.5 Unter- oder Nebenzentralen

Bei sehr ausgedehnten Objekten sind häufig so genannte Unterzentralen (oder Nebenzentralen) der BMZ vorhanden, die im Objekt abgesetzt von der BMZ aufgebaut sind. Sie sind mit einer BMZ identisch; allerdings steuern sie keine Übertragungseinrichtung an, sondern leiten den Alarm quasi als eine Meldergruppe (Melderlinie) an die (Haupt-)BMZ weiter, welche dann eine Übertragungseinrichtung ansteuert. Bei solchen Unter- oder Nebenzentralen ist der Alarm immer erst an der Unterzentrale und dann an der Haupt-BMZ zurückzustellen.

Einen ähnlichen Aufbau wie die Unterzentralen haben auch so genannte vernetzte Zentralen. Auch die vernetzten Zentralen steuern die Haupt-BMZ an. Der Vorteil der vernetzten Zentralen ist im Gegensatz zu den Unterzentralen jedoch, dass alle Bedienungen, z. B. über das Feuerwehr-Bedienfeld, und alle Anzeigen (z. B. über das Feuerwehr-Anzeigetableau) über die bzw. an der (Haupt-)BMZ erfolgen, sodass die vernetzten

Zentralen einsatztaktisch im Allgemeinen nicht beachtet werden müssen. Im Regelfall hat die Feuerwehr dort vor allem keine Schalthandlungen vorzunehmen.

2.6 Feuerwehr-Anzeigetableau (FAT)

Brandmelderzentralen werden von vielen Herstellern angeboten. Und genauso vielfältig wie die Anbieter sind (leider) auch die Bedien- und Anzeigeelemente einer BMZ. Dies ist vor allem im Einsatz ein Problem, weil sich der Feuerwehrangehörige immer neu auf die BMZ einstellen muss – mit allen Nachteilen. Um die Bedienung und die Meldungsanzeige zu standardisieren (und damit unnötigen Stress im Einsatz zu vermeiden), wurden das Feuerwehr-Bedienfeld (siehe Kapitel 2.7) und das Feuerwehr-Anzeigetableau genormt. Das Feuerwehr-Anzeigetableau (FAT) nach DIN 14662 dient der standardisierten Anzeige der Betriebszustände der BMZ, wobei die direkt an der BMZ und die am abgesetzten FAT angezeigten Meldungen übereinstimmen sollten. Das FAT kann Alarm- und Störungsmeldungen sowie Abschaltungen in einem Klartextdisplay anzeigen. Das FAT verfügt außerdem über einen integrierten Signalgeber, der auslöst, sobald eine Alarmmeldung angezeigt wird. Ein Profilhalbzylinder der Feuerwehrschließung verhindert eine unautorisierte Bedienung des FAT. Die FAT müssen redundant an die BMZ angebunden sein, um eine Übertragung auch bei Leitungsbruch oder Kurzschluss sicherstellen zu können. Da die FAT eine Parallelanzeige zur BMZ sind, kann nach der Rückstellung der BMZ auch keine Anzeige mehr am FAT erfolgen. Allerdings haben neuere FAT eine History-Funktion. Nach einem etwa 5-sekündigem Drücken der Taste »History« werden die älteren Meldungen angezeigt; dies ist auch beim Zurückstellen der Brandmeldeanlage durch den Betreiber vor dem Eintreffen der Feuerwehr wichtig, um den Melder kontrollieren zu können.

Bild 12: ***Feuerwehr-Anzeigetableau***

2.7 Feuerwehr-Bedienfeld (FBF)

Die Bedienung der Brandmelderzentralen ändert sich ständig. Damit sich der Feuerwehrangehörige im Einsatz nicht erst die Bedienungsanleitung der BMZ durchlesen muss, wurde das Feuerwehr-Bedienfeld (FBF) in DIN 14661 genormt. Somit ist die Bedienung der BMZ über das FBF bei allen Herstellern einheitlich. Ein FBF muss an einer Brandmeldeanlage, deren Alarm beispielsweise an die Leitstelle weitergeleitet wird (so genannte Alarmweiterleitung), vorhanden sein. Das FBF ist in der Regel extern neben der BMZ oder dem Feuerwehr-Anzeigetableau (FAT) angeordnet, kann aber auch in eine BMZ integriert sein. Wie bereits das FAT ist auch das FBF gegen eine nicht autorisierte Bedienung durch den Betreiber mit einem Profilhalbzylinder der Feuerwehrschließung gesichert.

Bild 13: ***Feuerwehr-Bedienfeld***

2.8 Übertragungseinrichtung (ÜE)

Die Übertragungseinrichtung (ÜE) übermittelt den ausgelösten Alarmzustand an die hilfeleistende Stelle. Hierbei handelt es sich normalerweise um die Feuerwehrleitstelle; es kann sich in wenigen Fällen jedoch auch – je nach der Ausgestaltung der örtlich geltenden Technischen Anschlussbedingungen – um eine Leitstelle eines Wachdienstes, Polizeidienststellen o. Ä. handeln, welche dann erst die Feuerwehr alarmieren muss. Die Übermittlung der Alarmmeldung von der ÜE zur Feuerwehr (die ÜE im Objekt und die Feuermeldeempfangsanlage bei der hilfeleistenden Stelle wird zusammen als Alarmübertragungsanlage – AÜA bezeichnet) kann entweder per Standleitung, per bedarfsgesteuerter Verbindung (Telefonleitungsaufbau erst im Alarmfall) oder redundant (zwei bedarfsgesteuerte Verbindungen) erfolgen. Die Primärleitung bzw. der Primärweg ist dabei eine Verbindung über das Telefonfestnetz. Der Sekundärweg kann über eine Funkverbindung bzw. Mobiltelefon/GSM-Verbindung führen. Die Störung des Übertragungsweges wird in der Regel (dies ist jedoch fehlerabhängig) zeitgleich im Objekt und bei der hilfeleistenden Stelle angezeigt. Ist die BMZ-Tür geöffnet, ist eine Alarmübertragung an die Leitstelle durch die ÜE in der Regel nicht möglich; allerdings kann man dies aufgrund der Normregelungen nicht grundsätzlich ausschließen.

Da die ÜE – je nach Hersteller – häufig über einen als Hauptmelder bezeichneten Handfeuermelder verfügt, wurde sie früher oft schlicht als Hauptmelder bezeichnet.

Der als Hauptmelder bezeichnete Handfeuermelder an der ÜE, der verdeckt oder offen eingebaut sein kann, dient der Alarmübertragung, ggf. der Alarmauslösung am Feuerwehranlaufpunkt (BMZ) und als Prüfmelder für den Konzessionär. Er kann auch ausgelöst werden, wenn die BMZ-Tür geöffnet ist und die ÜE keinen Alarm überträgt. Der Hauptmelder-Alarm geht jedoch zur Leitstelle durch, die aufgrund des anderen genutzten Eingangs am Wählgerät sogar erkennen kann, dass der Hauptmelder ausgelöst hat. Die Verständigung der Leitstelle durch den Hauptmelder ist möglich, weil er nicht über die BMZ läuft; das bedeutet allerdings auch, dass der Hauptmelder an vielen BMZ nicht angezeigt werden kann. Lediglich an der BMZ bzw. am FBF wird die rote LED »ÜE ausgelöst« angezeigt (jedoch ohne Meldergruppe). Der Hauptmelder kann keine Steuerfunktionen der BMA (z. B. Brandfallsteuerungen, FSD, Blitzleuchte) einleiten.

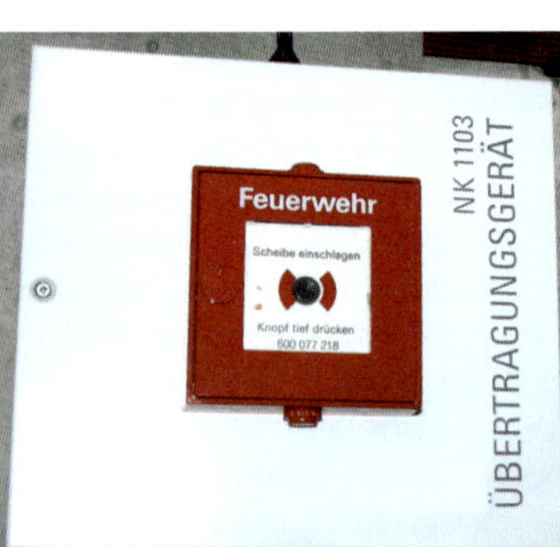

Bild 14: ***ÜE mit aufgesetztem Hauptmelder***

2.9 Feuerwehrschließung

Obwohl die Feuerwehrschließung kein technischer Bestandteil einer Brandmeldeanlage ist, so ist sie organisatorisch bei einer BMA doch erforderlich. Als Feuerwehrschließung wird dabei das Schließsystem bezeichnet, über deren Schlüssel ausschließlich die Feuerwehr verfügt. Hintergrund ist, dass die Feuerwehr mit dieser Schließung beispielsweise das FSE, das FBF und das FAT bedienen und das FSD öffnen kann. Die bekannten Feuerwehrschließungen sind in Steck- oder Profilhalbzylindern sowie als Umstellschloss ausgeführt. Die Nachbestellung der Schlüssel ist speziell geschützt.

Die Aufbewahrung der Schlüssel der Feuerwehrschließung sollte feuerwehrintern geregelt werden: Bei hauptberuflichen Kräften kann die persönliche Übergabe der Schlüssel im Rahmen des Schichtwechsels erfolgen. Ansonsten können die Schlüssel in speziellen Schlüsseltresoren (am besten mit Zahlenschloss) im Fahrzeug verwahrt werden, um Missbrauch vorzubeugen.

Bild 15: ***Beispiele für Feuerwehrschließungen***

Merke:

Schlüssel der Feuerwehrschließung sind nur im Gebrauch der örtlich zuständigen Feuerwehr, nie jedoch bei Betreibern oder Errichtern einer BMA.

2.10 Brandfallsteuerung

Die BMZ kann im Alarmfall bestimmte Funktionen von Einrichtungen des Vorbeugenden Brandschutzes, z. B. Rauch- und Wärmeabzugsanlagen, Feuerschutzabschlüsse, Rauchschürzen, Brandschutzklappen, Gebäudefunkanlagen oder Löschanlagen, und der Gebäudetechnik, z.B. Entriegelung von Fluchttüren, Klima- und Lüftungsanlagen, Produktionsanlagen und Aufzüge, auslösen bzw. steuern. Diese Ansteuerungen werden als Brandfallsteuerung bezeichnet. Es handelt sich also um Steuerfunktionen der BMZ, die im Falle eines Alarms bauliche und technische Einrichtungen mit schadenbegrenzender Wirkung ansteuern. Typischerweise sind dies die automatische Öffnung von Rauch- und Wärmeabzugsanlagen (inklusive der Zuluftöffnungen) und die Positionierung der Aufzüge im Erdgeschoss mit gleichzeitiger Funktionssperre (bzw. bei einer »dynamischen Brandfallsteuerung« im Ausweichgeschoss, wenn die Melderauslösung im Erdgeschoss erfolgte). Sollte das mit der Brandmeldeanlage ausgerüstete Objekt auch über eine Tiefgarage verfügen, kann es sein, dass dort verlaufende Elektroleitungen sowie Leitungen mit brennbaren Stoffen (z. B. eine Gasleitung) im Rahmen einer Brandfallsteuerung abgeschaltet werden. Dies wird beispielsweise in

Baden-Württemberg in der Garagenverordnung baurechtlich gefordert.

Keine Brandfallsteuerungen sind örtliche optische oder akustische Alarmierungseinrichtungen.

2.11 Brandmelder

In Brandmeldeanlagen kommen automatische und nichtautomatische Brandmelder zum Einsatz. Nicht automatische Brandmelder sind die Handfeuermelder (früher: Druckknopfmelder).

Automatische Brandmelder erkennen einen Brand aufgrund der eingestellten Kenngrößen und lösen automatisch Alarm aus. Hier werden die Typen Rauchmelder, Wärmemelder, Flammenmelder und Gasmelder unterschieden. Je nach Meldertyp reagieren sie auf die verschiedenen Kenngrößen wie Rauch, Wärme/Temperatur, Flammen oder Gase. Es gibt jedoch auch kombinierte Melder auf dem Markt, die gleichzeitig für mehrere Kenngrößen parametriert sind (so genannte Mehrkriterienmelder).

Unabhängig vom Meldertyp werden vier verschiedene Meldersysteme unterschieden:

- Einzelmelder,
- Ansaugrauchmelder,
- Linearmelder,
- Linienförmige Wärmemelder.

Die verschiedenen Meldersysteme werden in den Kapiteln 2.11.1 bis 2.11.4 kurz vorgestellt.

Alle Melder müssen grundsätzlich eindeutig mit der Meldernummer, bestehend aus Meldergruppe und laufender Nummer des Melders, gut lesbar gekennzeichnet sein.

Es ist möglich, dass Melder in einer so genannten Zwei-Melder-Abhängigkeit geschaltet sind, d. h., der Alarm wird erst ausgelöst, wenn mindestens zwei (meist benachbarte) Melder ausgelöst haben. Dies hat jedoch keine einsatztaktische Bedeutung, da beide Melder einzeln an der BMZ angezeigt werden und kontrolliert werden müssen.

2.11.1 Einzelmelder

Die Einzelmelder sind das am häufigsten vorkommende Meldersystem. Hierbei wird ein einzelner Brandmelder verbaut, der entsprechend der Anlagenplanung als Rauchmelder, als Wärmemelder, als Flammenmelder oder als Gasmelder (oder als eine Kombination zwischen verschiedenen Meldertypen – so genannte Mehrkriterienmelder) ausgelegt sein kann. In der Regel handelt es sich um punktförmige Rauchmelder. Handelt es sich um einen anderen Meldertyp, wird dies oft in der Feuerwehr-Laufkarte der entsprechenden Meldergruppe vermerkt; dies sollte bei der Abnahme einer Brandmeldeanlage überprüft werden.

Mehrkriterienmelder können auch zeitabhängig verschieden geschaltet sein. So kann beispielsweise tagsüber auf die Kenngröße »Wärme« reagiert werden und nachts auf die Kenngröße »Rauch«.

Bild 16: ***Einzel-Rauchmelder***

Merke:

Einzelmelder überwachen immer den Nahbereich in dem sie installiert sind.

Rauchmelder sind entweder als optische Rauchmelder mit einer mit Leuchtdiode und Fotoelement bestückten Messkammer (Streulicht- oder Durchlichtprinzip) oder als Ionisationsrauchmelder ausgeführt. Letztere werden zwar heute nur noch äußerst selten verwendet, werden allerdings erwähnt, weil sie mit einem schwach radioaktiven Material in der Messkammer bestückt sind.

Wärmemelder sind für verschiedene Anwendungstemperaturen von 25 bis 140 °C ausgelegt. Die minimale Ansprechtemperatur eines Wärmemelders liegt nur vier Kelvin über der maximalen Anwendungstemperatur (Wärme-Maximal-Melder). Zudem gibt es Thermodifferenzialmelder, die auf schnelle Temperaturanstiege reagieren und deren Ansprechtemperatur unter der minimalen Ansprechtemperatur eines Wärme- bzw. Thermo-Maximal-Melders liegt.

Die Darstellung der Funktionsweise und der Ausführungen der verschiedenen Meldertypen würde den Umfang des Heftes sprengen. Zudem ist dieses Wissen für den Feuerwehreinsatz in der Regel nicht erforderlich, da sich die Einsatztaktik nicht ändert. Zur Vertiefung wird auf die Literaturliste verwiesen. Zur Fehlerdiagnose bei Täuschungs- oder Fehlalarmen sei darauf hingewiesen, dass gerade bei Rauchmeldern Auslösungen infolge eingedrungener Insekten oder von Wasserdampf bzw. (Regen-)Wasser nicht selten sind.

2.11.2 Ansaugrauchmelder

Ansaugrauchmelder, oft auch noch als Rauchansaugsysteme (abgekürzt: RAS) bezeichnet, sind eine besondere Form von Rauchmeldern. Über ein Rohrleitungssystem mit kleinen Ansaugöffnungen wird Luft aus dem Überwachungsbereich angesaugt und in eine stationäre Messkammer mit angeschlossener Auswerteeinheit, die Konzentrationsstufen anzeigt, geleitet. Danach wird die vom Ventilator angesaugte Luft wieder in den Raum abgegeben. Ansaugrauchmelder sind hochsensibel, sodass bereits leichte Luftverschmutzungen zu einer Auslösung der Anlage führen können.

Bild 17: ***Auswerteeinheit eines Ansaugrauchmelders***

Gegenüber normalen punktförmigen Einzelrauchmeldern ist die Empfindlichkeit rund 1500-fach höher. Allerdings ist bei dieser Melderart in der Regel ein mehrfacher interner Voralarm programmiert.

Einsatztaktisch ist Folgendes zu beachten: Ansaugrauchmelder überwachen einen Raum nicht nur punktuell wie ein Einzelmelder, sondern eine größere Fläche, die sogar weitere, per Wand abgetrennte Räume umfassen kann. Von daher ist der Überwachungsbereich, der auf der Feuerwehr-Laufkarte angegeben ist, grundsätzlich komplett zu begehen und zu überprüfen (nur wenige Hersteller dieser Systeme bieten eine Einzelraumerkennung an).

Merke:

Beim Auslösen eines Ansaugrauchmelders ist immer der gesamte auf der Feuerwehr-Laufkarte angegebene Überwachungsbereich zu kontrollieren und nicht nur der Bereich, in dem die Auswerteeinheit montiert ist.

Ansaugrauchmelder benötigen keine »Spülzeit« zur Anlagenrückstellung, da ein kontinuierlicher Luftstrom angesaugt wird. Löst ein Ansaugrauchmelder nach der BMA-Rückstellung erneut aus, ist entweder die Ursache noch vorhanden (Rauch! bzw. Luftverschmutzung) oder aber es liegt ein technischer Defekt vor. In beiden Fällen ist der Überwachungsbereich erneut zu kontrollieren.

2.11.3 Linearmelder

Linearmelder werden auch als Lichtstrahlrauchmelder bezeichnet und reagieren auf die Kenngröße Rauch. Dieses Meldersystem besteht aus einem Sender und einem Empfänger sowie einer Auswerteeinheit. Der Sender und der Empfänger können aber auch in einem Gerät zusammengefasst sein. In einem solchen Fall kommt ein Reflektor als Gegenstelle zum Einsatz. Linearmelder senden Infrarotlicht vom Sender zum Empfänger, das auf die Intensität geprüft wird. Bei aufsteigendem Rauch verringert sich die Intensität, und der Melder löst bei einem zuvor eingestellten Schwellenwert Alarm aus (Lichtschrankenprinzip). Der Abstand zwischen Sender und Empfänger darf bis zu 100 m betragen.

Eine Möglichkeit für einen Täuschungsalarm ist die Unterbrechung des Lichtstrahls durch innerbetriebliche Arbeiten (Kran- oder Staplerfahrten) oder auch Vogelflug. Weitere Möglichkeiten sind die direkte Sonneneinstahlung/Wärmeeinwirkung oder Reflexionen auf den Empfänger, sodass die Ausrichtung des Empfängers fast unmerklich verändert wird.

2.11.4 Linienförmige Wärmemelder

Linienförmige Wärmemelder, also Brandmelder, die auf die Kenngröße Wärme reagieren, kommen oft in Tunneln und Tiefgaragen oder Lageranlagen zum Einsatz. Bei diesem Meldersystem werden drei Funktionsweisen unterschieden:

Bei der Widerstandsüberwachung befindet sich der Widerstandsdraht, der auf die Temperaturänderung reagiert, nicht im Gehäuse der Auswerteeinheit wie bei den Wärme-Einzelmeldern, sondern wird mäanderförmig an der Raumdecke installiert.

Beim so genannten Kapillarsystem befindet sich an der Raumdecke ein mit einem Gas gefülltes Rohr. Bei einer Temperaturerhöhung dehnt sich das Gas in dem geschlossenen Rohrsystem aus und löst über eine Auswerteeinheit Alarm aus.

Als dritte Möglichkeit eines linienförmigen Wärmemelders eignen sich faseroptische Sensoren in Form eines an eine Auswerteeinheit angeschlossenen Lichtwellenleiter-Kabels. Derzeit werden Systeme mit einer Überwachungslänge von bis zu 4 km, beispielsweise für Tunnelanlagen, angeboten.

2.11.5 Kennzeichnung der Melder

Brandmelder müssen gemäß VDE 0833-2 in jeder Meldergruppe fortlaufend nummeriert werden. Dabei wird zunächst immer die Meldergruppe und dann – abgetrennt durch einen Schrägstrich – die Meldernummer angegeben (Beispiel: 008/15 = Meldergruppe 008, Melder Nr. 15). Gibt es in einem Objekt mehrere BMZ kann es sein, dass die BMZ-Nummer noch vor der Meldergruppe angegeben wird (z.B. I/008/15). Die Kennzeichnung sollte gut lesbar sein; die Anforderungen hieran müssen jedoch in der Regel die örtlichen »Aufschaltbedingungen für Brandmeldeanlagen« regeln.

Der ausgelöste Melder muss mit einer LED zur Identifikation (Einzelmelderidentifizierung) ausgestattet sein. Darauf kann allerdings verzichtet werden, wenn nur ein Melder in der Meldergruppe vorhanden ist (z.B. bei Linearmeldern).

Bild 18: ***Beispiel für eine Melderkennzeichnung mit Meldergruppe 308 und Meldernummer 1***

Die LED leuchtet oder blinkt bei ausgelösten Meldern in der Regel rot, wobei die Blinkfrequenz je nach Meldertyp unterschiedlich sein kann.

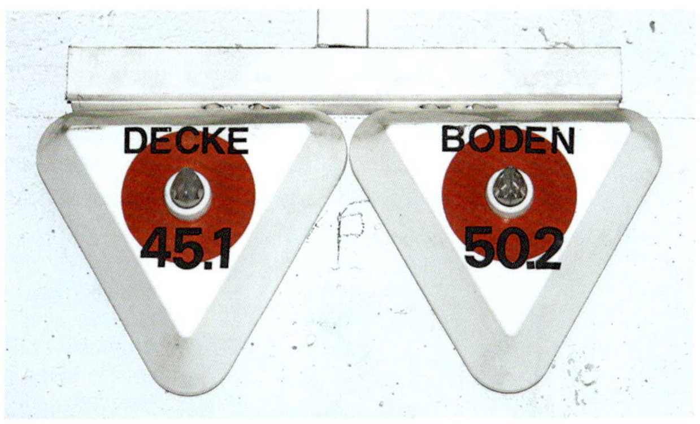

Bild 19: ***Beispiel für eine Parallelanzeige eines verborgen eingebauten Melders***

Sind Melder verdeckt eingebaut, müssen diese mit Orientierungsschildern zum leichten Auffinden versehen werden. Teilweise wird auch eine so genannte Parallelanzeige des Melders eingebaut. Hierbei handelt es sich z. B. um eine rote LED mit der Melderbeschriftung an gut sichtbarer Stelle, welche das Auslösen des verdeckt eingebauten Melders anzeigt.

2.12 Mobile Brandmeldeanlage

Mobile Brandmeldeanlagen sind eine Sonderform der BMA. Sie kommen vor allem in Fliegenden Bauten, bei Messen oder bei Umbauarbeiten an der BMA, aber auch vorübergehend als Kompensation von brandschutztechnischen Mängeln in allen denkbaren Objekten zur Verwendung. Vor allem in den erstgenannten Objekten ist häufig ein Sicherheitsdienst oder eine Werkfeuerwehr ständig präsent, an welche der Alarm der Mobilen Brandmeldeanlage weitergeleitet wird. Mobile Brand-

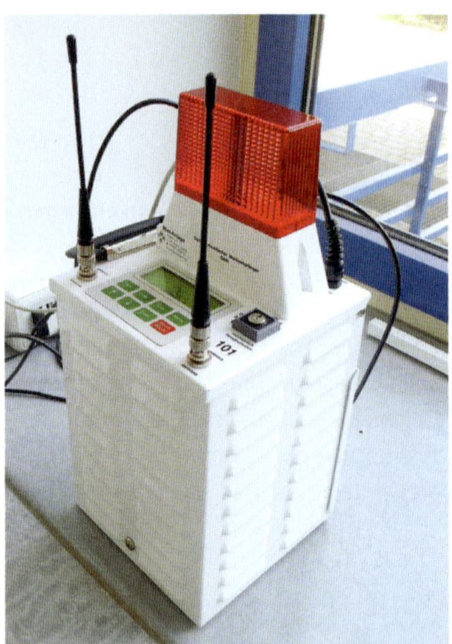

Bild 20: ***Beispiel für eine Auswerteeinheit einer Mobilen Brandmeldeanlage***

meldeanlagen sind nur für den vorübergehenden Einsatz vorgesehen.

2.12.1 Aufbau einer Mobilen Brandmeldeanlage

Der Aufbau einer Mobilen Brandmeldeanlage ist vergleichbar mit einer »normalen« BMA. Allerdings sind die Komponenten mobil und nicht über Leitungswege, sondern per Funksignal miteinander verbunden. Für Mobile Brandmeldeanlagen sind sowohl Funk-Handfeuermelder als auch automatische Funk-Melder mit diversen Kenngrößen (Rauch, Wärme, Wasser, Bewegung, verschiedene Gase) erhältlich, die per Funk an eine Auswerteeinheit (von einem Hersteller als Optisch-Akustischer Meldeempfänger bezeichnet) angebunden sind. Bei einem Alarm leitet die Auswerteeinheit diesen an die eingestellte Stelle weiter. Dies kann ein Anschluss an eine vorhandene »normale« (fest installierte) BMA sein oder eine Übertragung per Telefon (Festnetz oder Mobilnetz) oder über Betriebsfunk an eine vorgegebene Stelle (zum Beispiel Sicherheitsdienst oder Werkfeuerwehr oder Leitstelle). Per Übertragungseinrichtung kann auch ein direkter Anschluss an eine Leitstelle erfolgen. Ein Anschluss eines Räumungsalarmes und eines Feuerwehr-Bedienfeldes an die Mobile Brandmeldeanlage sind ebenfalls möglich. Ein Feuerwehr-Anzeigetableau kann in der Regel nicht an die Mobile Brandmeldeanlage angeschlossen werden.

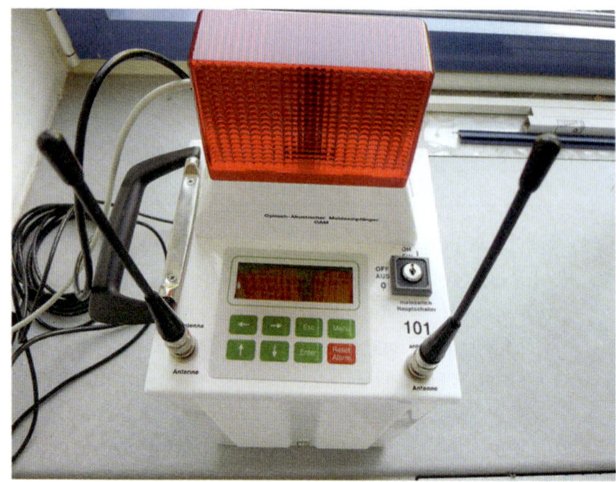

Bild 21: ***Display und Bedieneinheit der Auswerteeinheit einer Mobilen Brandmeldeanlage. Die Pfeiltasten können zum Wechseln der Anzeigen genutzt werden. Die Rückstellung des ausgelösten Melders erfolgt über »Reset Alarm« oder über ein angeschlossenes Feuerwehr-Bedienfeld.***

2.12.2 Bedienung einer Mobilen Brandmeldeanlage

Zu beachten ist, dass es bei Mobilen Brandmeldeanlagen in der Regel weder ein Freischaltelement, ein Feuerwehr-Schlüsseldepot, eine Blitzleuchte (bauartbedingt teilweise direkt an der Auswerteeinheit) noch ein Feuerwehr-Anzeigetableau gibt. Ein Feuerwehr-Bedienfeld kann, muss aber nicht, vorhanden sein.

Die Bedienung erfolgt – sofern kein Feuerwehr-Bedienfeld vorhanden ist – direkt an der Auswerteeinheit, wobei die Bedienung mit der einer »normalen« fest installierten BMA vergleichbar ist. Bei Mobilen Brandmeldeanlagen gibt es in der Regel keine Meldergruppen, sondern nur durchnummerierte Einzelmelder (automatische und nichtautomatische Melder), sodass die Anzeige beispielsweise »Melder 27 Alarm« lautet. Verwirrend ist bei manchen Anlagen, dass auch die ständig

Bild 22: ***Bei mobilen Brandmeldeanlagen sind die Melder, hier die Sendeeinheit eines Funk-Handfeuermelders, per Funk an die Auswerteeinheit angebunden. Es gibt nur Einzelmelderkennungen und keine Meldergruppen.***

laufenden Funküberprüfungen im Display angezeigt werden, was zu einer gewissen Unübersichtlichkeit führen kann. Ausgelöste Melder werden jedoch an erster Stelle des Displays angezeigt.

2.12.3 Temporäre Brandmeldeanlagen

Zu Mobilen Brandmeldeanlagen sind temporäre Brandmeldeanlagen abzugrenzen, welche vorübergehend (auch längere Zeit) in Objekten installiert werden, um brandschutztechnische Mängel zu kompensieren, bis diese abgestellt sind. Diese BMA ähneln in Aufbau und Bedienung in der Regel »normalen« BMA und verfügen häufig auch über alle Komponenten. Allerdings ist es möglich, dass Blitzleuchte, Freischaltelement und Feuerwehr-Schlüsseldepot nicht vorhanden sind. Bei der Erkundung ist zu beachten, dass diese temporären BMA oft nur über Meldergruppen verfügen, nicht jedoch über eine Einzelmelderkennung. Daher ist bei der Erkundung immer der komplette Schutzbereich der Meldergruppe zu kontrollieren.

2.13 Leiter und Doppelbodenheber

Oft sind automatische Melder in der Zwischendecke oder in einem Systemboden bzw. doppelten Boden verbaut, sodass die Feuerwehr diese nicht ohne Hilfsmittel erreichen kann. Aus diesem Grund werden bei vielen Brandmeldeanlagen eine »Leiter für die Feuerwehr« und/oder ein Doppelbodenheber vorgehalten. Um eine missbräuchliche Nutzung der beiden

Geräte auszuschließen, sind diese in abschließbaren Halterungen gelagert. Für die Halterungen sollte immer eine Feuerwehrschließung genutzt werden.

Der Lagerort der Leiter und des Doppelbodenhebers ist nicht vorgeschrieben und kann unterschiedlich sein. Sinn macht die Lagerung in unmittelbarer Nähe zur Erstinformationsstelle; allerdings ist auch eine Lagerung direkt im Überwachungsbereich des Melders möglich. Wichtig ist, dass auf der Feuerwehr-Laufkarte sowohl das Mitführen der Geräte als auch deren Lagerort deutlich vorgegeben werden.

Bild 23: ***In unmittelbarer Nähe der Erstinformationsstelle sind die Leiter für die Feuerwehr und der Doppelbodenheber (roter Kasten oben) gelagert.***

Bild 24: ***Die Halterungen der Leiter und des Doppelbodenhebers müssen zum Schutz vor missbräuchlicher Nutzung abgeschlossen sein. Die Nutzung der Feuerwehrschließung wird empfohlen.***

3 Feuerwehr-Laufkarte

Die Feuerwehr-Laufkarte dient den Einsatzkräften zum schnellen Auffinden des ausgelösten Melders. Die Gestaltung der Feuerwehr-Laufkarte und die zu verwendenden Symbole sind in DIN 14675 geregelt; dort werden auch Beispiele gezeigt. Die Feuerwehr-Laufkarten sollten das Format DIN A4 nicht überschreiten; Laufkarten im Format DIN A3 (gefaltet auf DIN A4) sind nur nach Zustimmung der Feuerwehr bei größeren Objekten zulässig.

Bei der Feuerwehr-Laufkarte ist immer die Vor- und die Rückseite bedruckt. Die Vorderseite zeigt eine Gebäudeübersicht mit Grundriss, die Rückseite einen Detailplan des Meldebereichs, wenn erforderlich jeweils auch mit einem Gebäudeschnitt. Nach Norm müssen auf der Feuerwehr-Laufkarte u.a. mindestens folgende Angaben enthalten sein: Meldergruppe, Meldernummer(n), Art und Anzahl der Melder, Gebäude/Geschoss/Raum, Standort der BMZ, der ÜE und des FAT sowie FBF, Laufweg vom Standort zum Meldebereich sowie darin liegende Treppen und Türen sowie Raumkennzeichnung bzw. Nutzung.

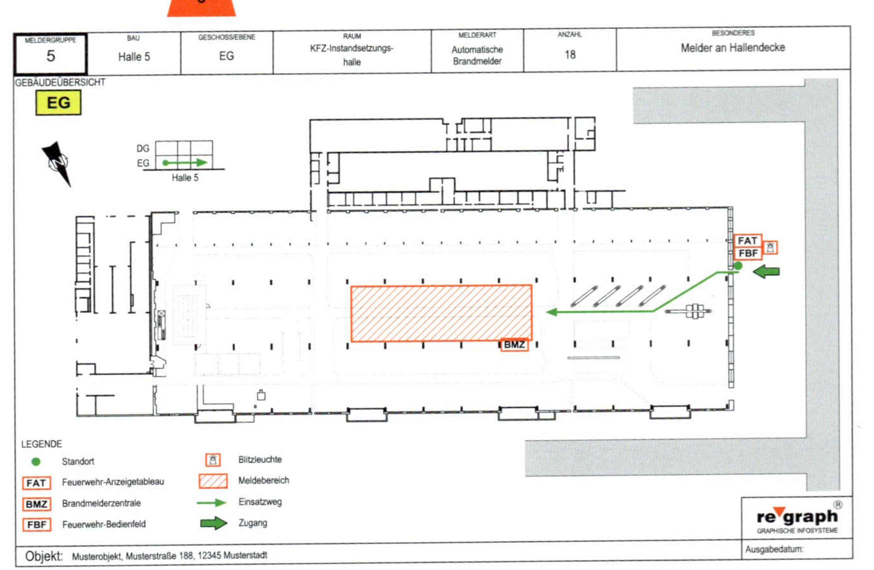
5
MELDERGRUPPE
5
BAU
Halle 5
GESCHOSS/EBENE
EG
RAUM
KFZ-Instandsetzungs-halle
MELDERART
Automatische Brandmelder
ANZAHL
18
BESONDERES
Melder an Hallendecke
GEBÄUDEÜBERSICHT
EG
DG
EG
Halle 5
FAT
FBF
BMZ
LEGENDE
Standort
FAT Feuerwehr-Anzeigetableau
BMZ Brandmelderzentrale
FBF Feuerwehr-Bedienfeld
Blitzleuchte
Meldebereich
Einsatzweg
Zugang
re graph
GRAPHISCHE INFOSYSTEME
Ausgabedatum:
Objekt: Musterobjekt, Musterstraße 188, 12345 Musterstadt

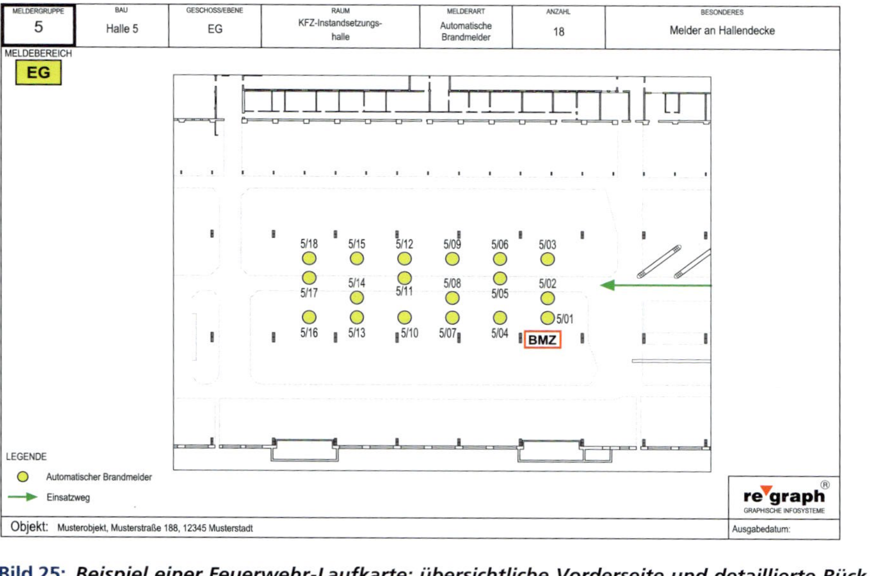

Bild 25: ***Beispiel einer Feuerwehr-Laufkarte: übersichtliche Vorderseite und detaillierte Rückseite (Grafik: re'graph GmbH)***

Der Einsatzleiter kann also bereits aus der Feuerwehr-Laufkarte wichtige Objektinformation sowie die Art des Melders und weitere Hinweise (z. B. überwachter Meldebereich, weitere benötigte Ausrüstung wie Leiter für die Zwischendecke oder Doppelbodenheber) erhalten. Bei Mehrkriterienmelder sollten auf der Feuerwehr-Laufkarte auch immer die Kenngrößen (zum Beispiel Rauch und Wärme) angegeben werden, da der Einsatzleiter den Melder sonst nicht korrekt beurteilen kann. Daher sollten Feuerwehr-Laufkarten immer genau betrachtet werden.

Merke:

Der auf der Feuerwehr-Laufkarte grün eingezeichnete Laufweg von der BMZ zum Melder sollte immer eingehalten werden.

Bei älteren BMA können anstelle der Feuerwehr-Laufkarten noch Lageplantableaus vorhanden sein, welche die Lage der Melder mittels Leuchtdioden auf einem Gebäudegrundriss mehr oder weniger genau anzeigen. Sind zusätzlich Feuerwehr-Laufkarten vorhanden, sollten daher immer diese genutzt werden. Heute sind Feuerwehr-Laufkarten durch DIN 14675 vorgeschrieben.

II Einsatztaktische Hinweise

Während im ersten Abschnitt dieses Roten Heftes die technischen Komponenten einer Brandmeldeanlage benannt und mit ihren Aufgaben sowie mit technischen Ausführungen zum besseren Verständnis vorgestellt worden sind, wird es nun konkret: In diesem Abschnitt werden taktische Hinweise für den Einsatz sowie die Bedienfunktionen der einzelnen, im Einsatz wichtigen Anlagenteile vorgestellt.

4 Hinweise für den Gruppenführer

Da bei einem Einsatz infolge der Auslösung einer Brandmeldeanlage immer von einem Realeinsatz ausgegangen werden muss, werden die nachstehenden Empfehlungen für den Einsatz gegeben. Ein Einsatz »Brandmeldeanlage« ist nicht durch die einschlägigen Feuerwehr-Dienstvorschriften geregelt; daher basieren die in der Praxis bewährten Empfehlungen auf Hinweisen, Standardeinsatzregeln, Taktikvorgaben, Dienstanweisungen, Merkblättern und praktischen Erfahrungen von diversen Feuerwehren und Landesfeuerwehrschulen in Deutschland. Während die Maßnahmen auf den nächsten Seiten ausführlich dargestellt werden, ist auf Seite 76 eine kompakte Zusammenstellung abgedruckt, die sich auch für die Tasche der Einsatzkleidung eignet.

Merke:

Bei der Auslösung einer Brandmeldeanlage ist zunächst immer von einem Realeinsatz (also einem Brandeinsatz) und nicht von einem Fehlalarm auszugehen. Sonst würde die Anlage auch nicht Brandmelde-, sondern Fehlalarmmeldeanlage heißen!

4.1 Maßnahmen während der Anfahrt

Da bei einem BMA-Alarm immer von einem realen Brand ausgegangen werden muss, rücken grundsätzlich die gemäß der Alarm- und Ausrückeordnung (AAO) zugeordneten Einsatzkräfte und -mittel aus; dies ist die rechtliche Voraussetzung gemäß des Landesbrandschutzgesetzes dafür, dass die Feuerwehr mit Sondersignal zum Objekt ausrücken und es auch betreten darf. Auch rechtlich gibt es zwischen einem BMA-Alarm und einem telefonischen Notruf keinen Unterschied. Sollte der Leitstelle allerdings bekannt sein, dass es sich mit hoher Wahrscheinlichkeit um einen Fehlalarm handelt (z.B. durch einen Anruf des Anlagenbetreibers in der Leitstelle), könnte es sinnvoll sein (auch um unnötige Alarmfahrten und damit ein Unfallrisiko zu reduzieren), nur ein Löschfahrzeug zur Überprüfung und Rückstellung der Anlage ausrücken zu lassen. Dabei ist immer darauf zu achten, dass ein Löschfahrzeug ausrückt und nicht nur ein Einsatzleitwagen o.Ä., denn

Bild 26: ***Während der Fahrt informiert sich der Einsatzleiter anhand des Feuerwehrplans über das Objekt.***

die Erfahrungen zeigen, dass manch Anlagenbetreiber die Auslöseursache völlig falsch einschätzt und durchaus ein Brand vorliegen kann. Empfohlen wird, die alarmierten Kräfte auch bei einer telefonischen Meldung des Anlagenbetreibers solange anrücken zu lassen, bis eine qualifizierte Rückmeldung der Feuerwehr (auch der zuständigen Werkfeuerwehr) vorliegt. Die Entscheidung, welche Kräfte wann wie ausrücken, muss jede Feuerwehr in der AAO selbst treffen, ebenso wie die Ordnung des Raumes (z. B. Nutzung eines Bereitstellungsraums) erfolgt.

Bei der Raumordnung sind auch mögliche Anfahrtszonen für die Einsatzkräfte zu beachten. Diese sind in der Regel mit Schildern »BMZ« nach DIN 4066 gut ausgeschildert. Der Standort des Feuerwehr-Schlüsseldepots und der Zugang zur Feuerwehrinformationszentrale werden oft mit einer Blitzleuchte gekennzeichnet.

Der Angriffstrupp rüstet sich wie bei jedem Brandeinsatz standardmäßig mit Pressluftatmern aus, wobei der Lungenautomat nicht angeschlossen wird (Anschluss immer erst an der Rauchgrenze!). Objekte mit BMA verfügen in der Regel auch über einen Feuerwehrplan nach DIN 14095 oder sogar über einen Feuerwehreinsatzplan. Während der Anfahrt bereitet sich der Fahrzeugführer/Zugführer/Einsatzleiter (je nachdem wo der Feuerwehrplan mitgeführt wird) mittels des Planes auf den Einsatz vor. Ein weiteres Exemplar des Feuerwehrplans wird in der Regel an der BMZ vorgehalten, sodass sich der Einsatzleiter spätestens dort über das Objekt informieren kann.

Ist in dem Objekt eine Gebäudefunkanlage vorhanden, so sind die benötigten Funkgeräte bereitzustellen bzw. die ggf. notwendigen Einstellungen am Funkgerät vom Angriffstrupp

Bild 27a–c: ***Die Anfahrt und die Zugänglichkeit zur Feuerwehr-Erstinformationsstelle werden mit Schildern in Anlehnung an DIN 4066 gekennzeichnet. Eine Blitzleuchte kennzeichnet den Standort sowie teilweise auch den Zugang zum Feuerwehr-Schlüsseldepot und zum Freischaltelement.***

vorzunehmen (Funkkanal bzw. bei Digitalfunk entsprechende Gruppe!).

4.2 Alarmübertragung auf Tablet-PC

Bei manchen Objekten erfolgt über ein Gateway eine direkte Alarmübertragung der Brandmeldeanlage auf ein oder mehrere Tablet-PC bei der Feuerwehr, sodass die Einsatzkräfte die ausgelösten Melder bereits während der Anfahrt zum Objekt auslesen können. Hier ist die optische Darstellung ebenso unterschiedlich wie die daraus resultierende Einsatztaktik, da beides von dem vor Ort verwendeten Programm sowie der Ausstattung des Objektes hinsichtlich der BMA-Komponenten wesentlich abhängt.

Grundsätzlich sollte eine Führungskraft immer zur als Redundanz vorhandenen Erstinformationsstelle gehen, um die ausgelösten Melder abzugleichen. Außerdem benötigen die anrückenden Einsatzkräfte den Objektschlüssel aus dem FSD 3 und müssen dessen Standort zunächst anfahren. Gibt es am Objekt direkt an der Grundstücksgrenze (Zufahrt) oder an allen Zufahrten ein FSD 3 mit einem Objektschlüssel, könnte das erste Löschfahrzeug direkt den Zugangsbereich für den ausgelösten Melder anfahren und die Erkundung einleiten. Alle weiteren Maßnahmen richten sich dann nach Kapitel 4.3.

Die Rückstellung der Brandmeldeanlage kann – je nach Programm – häufig ebenfalls über den Tablet-PC erfolgen, sollte aber grundsätzlich mit der Realität an der Erstinformationsstelle abgeglichen werden. Außerdem sollte dort auch die Einsatzstelle dem Betreiber übergeben und eine Eintragung in das Betriebsbuch vorgenommen werden.

4.3 Maßnahmen an der Einsatzstelle

In diesem und den folgenden Kapiteln wird das Vorgehen beschrieben, wie es ohne Fernübertragung der ausgelösten Melder auf ein Tablet-PC erfolgt.

4.3 Maßnahmen an der Einsatzstelle

Nach dem Eintreffen an der Einsatzstelle wird zunächst immer der Objektschlüssel aus dem Feuerwehr-Schlüsseldepot (FSD) entnommen, auch wenn der herbeigeeilte Hausmeister beteuert, immer alle Schlüssel bei sich zu tragen. Mit dem Objektschlüssel aus dem FSD haben die Einsatzkräfte die Gewähr, wirklich alle Bereiche des Objektes betreten zu können. Außerdem kann so nebenbei kontrolliert werden, ob der Schlüssel noch passt.

Merke:

Immer Objektschlüssel aus dem FSD entnehmen, auch wenn das Objekt offen ist oder Firmenangehörige mit Schlüssel die Feuerwehr erwarten.

Bild 28: ***Der Objektschlüssel wird immer aus dem FSD entnommen. Die entriegelte Außentür ist bereits offen; nun wird die Innentür mit Umstellschloss geöffnet.***

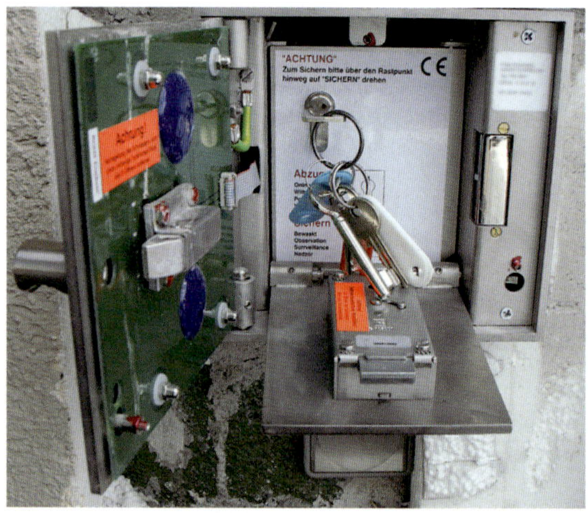

Bild 29: ***Beim FSD 3 muss der Schlüssel erst um 90° gedreht werden, bevor er entnommen werden kann.***

Merke:

Nach der Entnahme des Objektschlüssels aus dem FSD begibt sich der Einsatzleiter immer zur BMZ/FIZ und wertet die Anzeigen aus – auch wenn Firmenangehörige behaupten den ausgelösten Melder zu kennen! Erst danach wird der Melder mittels der Feuerwehr-Laufkarte erkundet!

Bei neueren FSD 3 gibt es am Zugknauf der äußeren Klappe bzw. im Innenbereich je eine LED. Die rot-orange leuchtende LED am Zugknauf zeigt den Alarm-Zustand sowie die Entriegelung des FSD an. Die grün leuchtende LED im Innen-

Bild 30: ***Die rot-orange LED am FSD 3 zeigt den Alarm-Zustand sowie die Entriegelung des FSD 3 an.***

bereich des FSD 3 zeigt an, dass alle Schlüssel richtig eingesteckt und überwacht sind. Leuchtet diese LED nicht, steckt der Schlüssel nicht richtig (falsche Schlüsselstellung) und die BMA lässt sich in der Regel nicht zurückstellen.

Bild 31: ***Die grün leuchtende LED zeigt an, dass alle Objektschlüssel richtig eingesteckt und überwacht sind.***

Danach begibt sich der Einsatzleiter immer zur Erstinformationsstelle. Mit diesem Begriff wird der Hauptzugang und die Hauptinformationsquelle der Feuerwehr bezeichnet. Dabei handelt es sich um die Brandmelderzentrale oder eine so genannte Feuerwehrinformationszentrale (FIZ), in manchen Regionen auch als FIBS bezeichnet (Feuerwehrinformations- und Bedienstelle). Die Feuerwehrinformationszentrale ist ein von der BMZ abgesetztes Feuerwehr-Bedienfeld (FBF) und Feuerwehr-Anzeigetableau (FAT), das im Einzelfall übrigens auch außerhalb des Objektes in einer speziellen Säule oder einem Wandeinbau sabotagegeschützt eingebaut sein kann. Im Folgenden wird diese Erstinformationsstelle zusammengefasst der Einfachheit halber als BMZ bezeichnet.

An der BMZ/FIZ stellt der Einsatzleiter im Rahmen der Lageerkundung die ausgelösten Meldergruppen fest. Dies muss auch dann erfolgen, wenn bereits Flammen aus dem Objekt schlagen, spätestens nachdem die ersten Brandbekämpfungsmaßnahmen eingeleitet worden sind. Hintergrund ist, dass die ausgelösten Melder immer – auch im Brandfall, soweit von der Zugänglichkeit möglich – kontrolliert werden müssen, weil dort außer dem sichtbaren Feuer theoretisch eine zweite Schadenlage vorliegen könnte (z. B. Person hat Handfeuermelder ausgelöst, um auf sich aufmerksam zu machen).

Bild 32: ***Eine FIZ kann auch außerhalb des Objektes angeordnet sein (hier mit je zwei FSE und FSD für Werkfeuerwehr und öffentliche Feuerwehr).***

Optimalerweise werden alle ausgelösten Meldergruppen schriftlich festgehalten. So kann man am schnellsten neu ausgelöste Meldergruppen feststellen.

Bild 33: ***An der FIZ werden die ausgelösten Meldergruppen ausgelesen und die BMA bedient.***

Aussagen des Betreibers bzw. von dessen Mitarbeitern über die Auslöseursache sind zu berücksichtigen. Beispielsweise kann der Räumungsalarm bei einem begründeten Verdacht, dass ein Fehlalarm vorliegt, abgeschaltet werden – solange sich der Einsatzleiter jedoch nicht sicher ist, sollte das Objekt weiter geräumt werden, der Räumungsalarm also weiterlaufen.

Merke:

Nach der Feststellung, welcher Melder ausgelöst hat, muss der Einsatzleiter ggf. seine Einsatztaktik anpassen. Hat beispielsweise ein Chlor-Gasmelder in einem Hallenbad ausgelöst, sind besondere Eigenschutzmaßnahmen notwendig (ggf. Chemikalienschutzanzug im weiteren Verlauf des Einsatzes).

Alle ausgelösten Melder müssen immer durch die Einsatzkräfte kontrolliert werden. Kontrolle heißt, nicht nur den Raum und den Schutzbereich, je nach Lage auch den gesamten Brandabschnitt, sondern den ausgelösten Melder in Augenschein zu nehmen. Dazu wird an der BMZ die Feuerwehr-Laufkarte entnommen und auf dem dort aufgedrucktem Weg der Melder aufgesucht. Dabei ist insbesondere auch die auf der Feuerwehr-Laufkarte aufgedruckte Melderart zu beachten, um ggf. die Einsatztaktik anzupassen. So muss bei einem ausgelösten Gasmelder die Erkundung immer (!) unter umluftunabhängigen Atemschutz mit angelegtem Lungenautomat erfolgen.

Bild 34: ***Nach der Informationsbeschaffung an der Erstinformationsstelle wird die Feuerwehr-Laufkarte entnommen.***

Bei ausgelösten Handfeuermeldern darf nie nur der ausgelöste Handfeuermelder allein kontrolliert werden. Vielmehr müssen alle zugänglichen Bereiche des betroffenen Objektes, insbesondere der komplette Treppenraum sowie davon abzweigende Flure, erkundet werden. Dies gilt umso mehr, wenn die den Handfeuermelder ausgelöste Person nicht für eine Befragung zur Verfügung steht. Hintergrund ist, dass Geschosse und der Treppenraum jeweils eigene Brandabschnitte mit eigenen Meldergruppen bilden und so eine Auslösung vom Schadenort entfernt möglich ist.

Merke:

Bei ausgelösten Meldergruppen in Objekten mit großen Raumhöhen sowie in Hochregallagern ist ein Fernglas bei der Erkundung sinnvoll, um die Meldernummern ablesen zu können. Ein Fernglas gehört zur Standardbeladung von Kommando- und Einsatzleitwagen.

Merke:

Unbedingt auf die Melderart auf der Feuerwehr-Laufkarte achten. Bei Gasmeldern muss die Erkundung aus Gründen des Eigenschutzes unter Atemschutz erfolgen.

Merke:

Bei Mehrkriterienmeldern müssen die Kenngrößen (z.B. Rauch und Wärme) bekannt sein. Diese sollten auf der Feuerwehr-Laufkarte vermerkt sein. Sonst kann der Einsatzleiter den Auslösegrund des Melders nicht sicher bestimmen.

Merke:

Ist auf der Feuerwehr-Laufkarte ein spezieller Einbauort des Melders angegeben, ist ggf. weitere (oft an der BMZ für die Feuerwehr gelagerte) Ausrüstung wie Leitern oder Doppelbodenheber mitzunehmen. Hinweise finden sich in der Regel auf der Feuerwehr-Laufkarte.

Grundsätzlich geht bei der Erkundung immer der Angriffstrupp, mindestens ausgerüstet mit Pressluftatmer und einem Kleinlöschgerät, mit (Ausrüstung des Trupps gemäß örtlichen Belangen und Vorgaben, z.B. durch eine Standardeinsatzregel). Bis zur Rauchgrenze sollte der Lungenautomat des

Pressluftatmers nicht angeschlossen werden. Bei Türöffnungen zum Melderbereich ist grundsätzlich zuvor ein Tür-Check durchzuführen, um Gefahren durch eine Türöffnung zu minimieren. Alle Türen, welche die Feuerwehr geöffnet hat, werden später auch wieder verschlossen bzw. geschlossen.

Es ist außerdem empfehlenswert, einen Feuerwehrangehörigen oder einen weiteren Trupp mit Funkgerät an der BMZ zu postieren, damit der Einsatzleiter über die Auslösung weiterer Melder informiert werden kann, was zu einer erheblichen Änderung der Lagebeurteilung führen kann. Um Lagemeldungen an die Leitstelle geben zu können, muss der Funk – wie bei allen anderen Einsatzlagen auch – besetzt bleiben (z. B. Führungsassistent im ELW 1/KdoW, Maschinist im Löschfahrzeug). Ob eine »Lage auf Sicht« nach dem Eintreffen am Objekt oder erst eine Rückmeldung nach dem Aufsuchen der BMZ erfolgt, muss der Einsatzleiter lageabhängig entscheiden.

Merke:

Eine weitere ausgelöste Meldergruppe wird bei einer bereits ausgelösten BMA nicht an die hilfeleistende Stelle (Leitstelle) übertragen. Folgealarme werden also erst übertragen, wenn die BMA zurückgestellt ist. Von daher ist es wichtig, einen Feuerwehrangehörigen an der BMZ zu postieren, um weitere Meldungen zu bemerken.

Bild 35: ***Der mit PA und Kleinlöschgerät ausgerüstete Angriffstrupp geht bei der Erkundung grundsätzlich mit.***

Spätestens nach der Kontrolle des ausgelösten Melders muss eine Lagemeldung an die Leitstelle abgesetzt werden. Bei der Lagemeldung und letztlich auch im Einsatzbericht ist zwischen einem Fehlalarm und einem Täuschungsalarm zu unterscheiden. Während ein Fehlalarm oft technische Ursachen hat bzw. die Ursache nicht geklärt werden kann, ist bei einem Täuschungsalarm die Ursache bekannt und der Melder hat aufgrund der Ursache (z. B. Rauch-/Staubentwicklung, Wasserdampf, Wärmeentwicklung durch Abgase etc.) bestimmungsgemäß ausgelöst, wenngleich kein Schadenfeuer vorlag.

Bild 36: ***Um weitere ausgelöste Melder zu bemerken, muss sich immer ein mit Einsatzstellenfunk ausgerüsteter Feuerwehrangehöriger an der BMZ aufhalten.***

Merke:

Bei Rückmeldungen und im Einsatzbericht ist zwischen Fehlalarm und Täuschungsalarm zu unterscheiden.

Nach der Kontrolle des ausgelösten Melders sollte der Betreiber der BMA verständigt werden, auch bei einer »Fehlauslösung« der Anlage. Ist er bzw. sind dessen Mitarbeiter nicht vor Ort, kann dies ggf. über die Leitstelle erfolgen bzw. durch einen Eintrag im Betriebsbuch. Gerade bei technisch bedingten (Fehl-) Auslösungen ist häufig eine schnelle Verständigung des Wartungsdienstes durch den Anlagenbetreiber notwendig, um weitere »Fehlauslösungen« zu vermeiden.

Bild 37: ***Bei Rückmeldungen an die Leitstelle sollte zwischen Fehl- und Täuschungsalarm unterschieden werden.***

Jeder Alarm und jeder Fehlalarm sind im Betriebsbuch der BMA, das an der BMZ hinterlegt sein muss, sorgfältig mit genauer Angabe der ausgelösten Meldergruppe und des Melders einzutragen – vor der Rückstellung der BMA. Dies hilft dem Wartungsdienst bei der Fehlersuche und so bei der künftigen Fehlalarmvermeidung. Die Eintragung soll laut Norm vor der BMA-Rückstellung erfolgen, um keinen Informationsverlust zu haben.

Bei Handfeuermeldern muss die Scheibe, wenn sie beschädigt ist, durch die Einsatzkräfte ersetzt werden. Häufig werden dazu vom Betreiber an der BMZ oder an der FIZ Ersatzscheiben vorgehalten.

Bild 38: ***Jeder (Fehl-)Alarm muss von der Feuerwehr im Betriebsbuch der BMA sorgfältig eingetragen werden.***

Die BMZ wird immer über das Feuerwehr-Bedienfeld (FBF), das laut DIN 14675 vorhanden sein muss, zurückgesetzt. Eine Rückstellung der BMA an der BMZ sollte – auch wenn sich die Einsatzkräfte bestens mit der Technik auskennen – unterbleiben. Über Funk sollte bei der Leitstelle nachgefragt werden, ob die Rückstellung auch dort funktioniert hat oder ob die BMA dort noch im Auslösezustand angezeigt wird. Sollte dies der Fall sein, muss die Rückstellung ggf. wiederholt werden. Es könnte in diesem Fall möglich sein, dass auch eine erneute manuelle Auslösung der BMA über das Freischaltelement (FSE) erforderlich wird.

Bild 39: ***Ist bei einem Handfeuermelder die Scheibe beschädigt, muss diese durch die Einsatzkräfte ersetzt werden.***

Nach der erfolgreichen Rückstellung der BMA dürfen nur noch die grünen LED »Betrieb« im Feuerwehr-Bedienfeld (FBF) und im Feuerwehr-Anzeigetableau (FAT) leuchten. Leuchtet im FAT noch die LED »Abschaltung«, ist der Anlagenbetreiber darauf hinzuweisen. Die manuelle Abschaltung der »Akustischen Signale« (Räumungsalarm) am FBF durch Feuerwehrkräfte wird nicht automatisch mit der BMA-Rückstellung aufgehoben. Alle manuell mittels Taster am FBF/FAT abgeschalteten Funktionen müssen grundsätzlich auch manuell wieder aktiviert werden.

Merke:

Nicht alle Brandfallsteuerungen werden durch die Rückstellung der BMA aufgehoben und zurückgesetzt, z.B. durch CO_2-Partonen ausgelöste Rauch- und Wärmeabzuganlagen. Diese muss der Betreiber der Anlage zurücksetzen. Er muss ggf.an die Einsatzstelle angefordert werden.

Einsatzkräfte der Feuerwehr dürfen niemals Meldergruppen außer Betrieb nehmen – auch nicht, wenn die gleiche Meldergruppe in kurzen Abständen mehrfach ausgelöst hat. Dies ist allein Sache des Betreibers. Hintergrund sind haftungsrechtliche Gründe bei einem Schaden durch einen unerkannten Brand! Die Tatsache, dass es häufig zu Fehlalarmen einer Brandmeldeanlage kommt, vermindert im Übrigen statistisch keinesfalls das Brandrisiko. Sind aus Feuerwehrsicht Meldergruppenabschaltungen erforderlich, sollte dies mit dem Betreiber diskutiert werden; dazu sind der Betreiber bzw. die Wartungsfirma oder eine verantwortliche Person ggf. zu benachrichtigen und an die Einsatzstelle anzufordern

Bild 40: ***Die BMZ wird immer über das Feuerwehr-Bedienfeld zurückgesetzt – nie über die BMZ selbst.***

(entsprechende Telefonnummern finden sich in der Regel an der BMZ oder im Feuerwehrplan). Bis zur Übergabe der Einsatzstelle an den Betreiber verbleibt die Feuerwehr (evtl. mit reduzierten Kräften) vor Ort. Der Betreiber ist lageabhängig auf die durch die Meldergruppenabschaltung entstehenden Gefahren (z. B. Erfordernis von Kontrolle der Räume durch Personal in gewissen Abständen) hinzuweisen.

Nur noch äußerst selten sind so genannte Laufwerksmelder mit elektromechanischen Übertragungseinrichtungen (Schleifensystem) vorhanden. Bei diesem Meldertyp, der oft mit einem öffentlichen Handfeuermelder gekoppelt war, muss das Laufwerk des »Hauptmelders« wieder aufgezogen werden, da die Anlage sonst nicht zurückgestellt werden kann.

Zum Schluss muss der Objektschlüssel in das Feuerwehr-Schlüsseldepot (FSD) zurückgesteckt werden. Dabei ist der Objektschlüssel in der Aufnahme um 90 Grad bis zum Anschlag zu drehen, da das FSD sonst nicht verriegelt. Sollte die äußere Klappe des FSD nicht verriegeln, muss der Sitz des Objektschlüssels (Drehung um 90 Grad?) überprüft werden. Ein weiterer Grund könnte sein, dass die BMA nicht vollständig zurückgesetzt wurde. In diesen Fällen ist nach Rücksprache mit der Leitstelle über das Freischaltelement (FSE) oder einen Handfeuermelder die BMA erneut auszulösen und zurückzusetzen. So kann auch verfahren werden, wenn vergessen wurde, die Objekttür zu verschließen, bevor der Objektschlüssel in das FSD eingeschlossen wurde.

Sofern ein Verantwortlicher des Betreibers vor Ort ist, ist diesem die Einsatzstelle zu übergeben. Dies ist im Einsatzbericht zu dokumentieren.

Checkliste zum Vorgehen bei BMA-Alarmen

1. Angriffstrupp rüstet sich mit PA aus; Gruppenführer bereitet sich durch Feuerwehrplan auf den Einsatz während der Anfahrt vor. Ggf. Ausweisung Bereitstellungsraum.
2. Immer Objektschlüssel aus FSD entnehmen.
3. Immer BMZ aufsuchen und ausgelöste Melder feststellen, am besten aufschreiben.
4. Feuerwehr-Laufkarte entnehmen und ausgelösten Melder auf dem auf der Feuerwehr-Laufkarte aufgedruckten Weg aufsuchen und kontrollieren. Melderart beachten!
5. Der Angriffstrupp mit PA und mit Kleinlöschgerät begleitet den Einsatzleiter.
6. Zusätzlichen Feuerwehrangehörigen/Trupp mit Funkgerät an der BMZ postieren.
7. Lagemeldung an Leitstelle geben.
8. Alle geöffneten Türen werden auch wieder ge- bzw. verschlossen.
9. Ggf. Betreiber verständigen (ggf. über Leitstelle).
10. Eintrag ins Betriebsbuch der BMA.
11. Rückstellung der BMZ am FBF; Rücksprache mit Leitstelle, ob der Alarm auch dort zurückgestellt wurde. Niemals Meldergruppen der BMA außer Betrieb nehmen!
12. Objektschlüssel in FSD einstecken und FSD schließen.

Bild 41: ***Bei einem BMA-Alarm wird immer die FIZ aufgesucht und von dort der Einsatz entwickelt.***

5 Das Feuerwehr-Anzeigetableau

Das Feuerwehr-Anzeigetableau (FAT) ist eine standardisierte Informationseinheit für die Feuerwehr. Alle für den Feuerwehreinsatz wichtigen Informationen der BMZ werden am FAT angezeigt. Das FAT ist mit einer Feuerwehrschließung versehen, sodass der Anlagenbetreiber hierauf keinen Zugriff hat. Die Ziffern haben folgende Bedeutung:

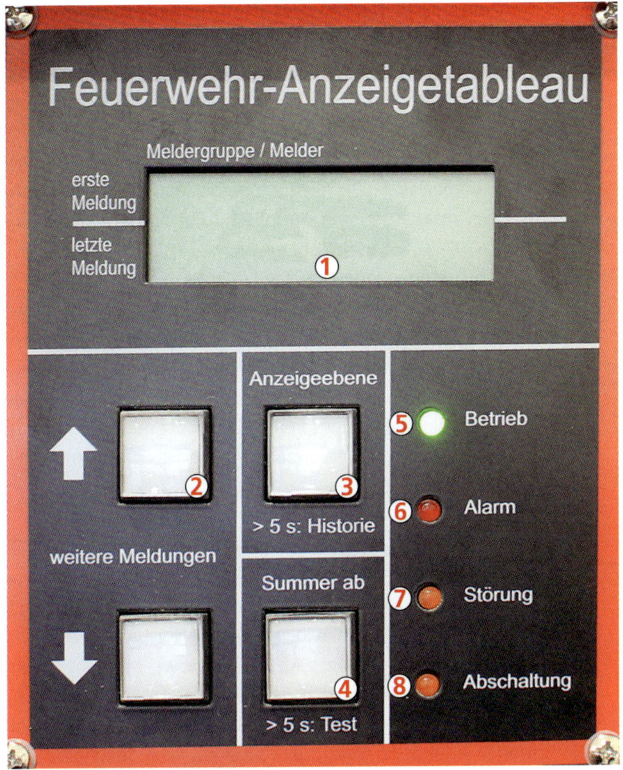

Bild 42: ① ***Meldungsdisplay,*** ② ***Pfeiltasten,*** ③ ***Anzeigenebene/History-Funktion,*** ④ ***Summer ab/Test,*** ⑤ ***LED »Betrieb«,*** ⑥ ***LED »Alarm«,*** ⑦ ***LED »Störung«,*** ⑧ ***LED »Abschaltung«.***

① Meldungsdisplay

Im Display werden die Meldungen der BMZ (z. B. ausgelöste Meldergruppe und -nummer) dargestellt. In der oberen Displayhälfte steht immer die erste Meldung. Lösen weitere Melder aus, werden die Meldungen in der unteren Hälfte des Displays dargestellt. Dabei wird in der unteren Displayhälfte immer die letzte Meldung dargestellt, d. h. liegen mehr als zwei Meldungen vor, sind diese nicht direkt sichtbar.

② Pfeiltasten

Mit den Pfeiltasten »auf« und »ab« kann man zwischen den Meldungen »blättern«, wenn mehr als zwei Meldungen anstehen. Es ist jeweils die Taste beleuchtet, in welche Richtung geblättert werden kann. Die letzte Meldung (= die aktuellste Meldung) bleibt in der unteren Displayhälfte immer angezeigt, sodass alle anderen Meldungen beim »Blättern« in der oberen Displayhälfte erscheinen.

③ Anzeigeebene/History-Funktion

Mit diesem Taster kann die Anzeigeebene auf dem Display gewechselt werden. Auf dem Display werden grundsätzlich alle Alarme angezeigt. Möchte man jedoch auf die Anzeigeebene »Störung« oder »Abschaltung« wechseln, geschieht dies durch Drücken des Tasters. Dann werden im Display jeweils die vorliegenden Störungsmeldungen oder Abschaltungen angezeigt. Wird der Taster ca. fünf Sekunden lang gedrückt, wechselt die Anzeige in die so genannte History-Funktion. Hier kann die Feuerwehr die letzten Meldungen bzw. ausgelösten Meldergruppen der vergangenen 90 Minuten auslesen, auch wenn die BMA bereits zuvor von Betriebsangehörigen zurückgestellt worden ist. Diese Funktion ist bei älteren FAT allerdings noch nicht vorhanden. Durch einen weiteren Druck auf den Taster »Anzeigeebene« gelangt man wieder in den Ruhezustand zurück.

④ Summer ab/Test

Das FAT ist mit einem Summer ausgestattet, der auf neu eingegangene Alarmmeldungen hinweist. Durch kurzes Drücken der Taste kann der Summton abgeschaltet werden. Durch Drücken des Tasters erfolgt nicht die Abschaltung des Evakuierungsalarms der BMZ o. Ä. Wird die Taste mehr als fünf Sekunden lang gedrückt, werden das Display, alle LED, alle Taster und der Summe testweise angesteuert und auf Funktion überprüft.

⑤ bis ⑧ Leuchtdioden

Die grüne LED »Betrieb« zeigt mit Dauerlicht den betriebsbereiten Ruhezustand des FAT an.

Mit rotem Dauerlicht der LED »Alarm« und einem Summton wird der Alarmzustand signalisiert. Durch Blinken der roten LED wird auf weitere eingegangene Meldungen hingewiesen. Blinken die LED »Störung« und/oder »Abschaltung« gelb, weisen sie auf vorhandene Störmeldungen oder Abschaltungen hin. Mittels des Tasters ③ Anzeigenebene kann auf die jeweilige Anzeigeebene gewechselt werden. Gelbes Dauerlicht weist darauf hin, dass die jeweilige Anzeigeebene aktiv im Display angezeigt wird.

6 Das Feuerwehr-Bedienfeld

Das Feuerwehr-Bedienfeld (FBF) ist die Bedieneinrichtung der Feuerwehr für eine BMA. Alle wichtigen (und in der Regel notwendigen) Funktionen sind darin zusammengefasst. Weitere Bedieneinrichtungen sind – mit Ausnahme des FAT – in der Regel nicht notwendig.

Merke:

Über das Feuerwehr-Bedienfeld »steuert« die Feuerwehr die Brandmeldeanlage; das Feuerwehr-Anzeigetableau hingegen dient der Anzeige der Meldungen der Brandmeldeanlage.

Das FBF ist mit einer Feuerwehrschließung versehen, sodass der Anlagenbetreiber hierauf keinen Zugriff hat. Die Ziffern in Bild 43 haben folgende Bedeutung:

Bild 43: *Anzeigen des Feuerwehr-Bedienfelds: ① Bedienfeld in Betrieb, ② ÜE ausgelöst, ③ Löschanlage ausgelöst, ④ Brandfallsteuerung ab, ⑤ Akustische Signale ab, ⑥ BMZ rückstellen, ⑦ ÜE ab, ⑧ ÜE prüfen.*

① Bedienfeld in Betrieb

Der betriebsbereite Zustand des FBF wird durch ein grünes Dauerlicht angezeigt (Ruhezustand).

② ÜE ausgelöst

Das rote Dauerlicht zeigt an, dass sich die BMZ im Alarmzustand befindet. Die Übertragungseinrichtung (ÜE) bzw. der Hauptmelder wurde durch die Ansteuereinrichtung der BMZ ausgelöst und hat einen Alarm übertragen. Das rote Dauerlicht leuchtet ebenfalls, wenn die Übertragungseinheit manuell zu Prüfzwecken ausgelöst wurde oder der Taster ⑧ betätigt worden ist.

③ Löschanlage ausgelöst

Mit rotem Dauerlicht wird angezeigt, dass eine Löschanlage ausgelöst hat, deren Auslösung an die BMZ gemeldet wurde oder dass durch die BMZ im Rahmen der Brandfallsteuerung eine Löschanlage ausgelöst wurde. Die LED leuchtet solange, bis die Alarmrückstellung an der Löschanlage erfolgt ist. Die LED zeigt die Auslösung von Löschanlagen (z. B. CO_2-Löschanlage oder Sprinkleranlage) an. In der Praxis wird die Sprinkleranlage jedoch oft mit einer eigenen Meldergruppe versehen, sodass die Auslösung der Sprinkleranlage nicht an dieser Stelle angezeigt wird.

④ Brandfallsteuerung ab

Gelbes Dauerlicht zeigt an, dass Ansteuereinrichtungen der BMZ für Brandfallsteuerungen abgeschaltet sind (Ausnahme: Feststellanlagen), beispielsweise für Probeauslösungen der BMA. Die LED leuchtet, sobald mindestens eine Brandfall-

steuerung abgeschaltet ist. Die Abschaltungen können sowohl über den neben der LED angeordneten Taster als auch über Taster an der BMZ erfolgen. Ist die Abschaltung der Brandfallsteuerungen über den Taster des FBF erfolgt, leuchtet auch der Taster und es sind alle (!) Brandfallsteuerungen abgeschaltet. Abschaltungen der Brandfallsteuerungen am FBF können nicht an der BMZ aufgehoben werden und umgekehrt. Sobald eine Brandfallsteuerung wieder eingeschaltet wurde, erlischt die LED (auch wenn die anderen Brandfallsteuerungen weiter abgeschaltet sind).

Praxistipp:

Ob die Abschaltung der bzw. aller Brandfallsteuerungen über diesen Taster funktioniert, hängt entscheidend von der Programmierung der BMZ ab. So sind durchaus Fälle bekannt, in denen z.B. die RWA-Steuerung abgeschaltet wird, die Fluchttüren jedoch entriegeln und per Hand wieder verschlossen werden müssen. Bei Tests sollte die Tasterfunktion daher mit dem Verantwortlichen bzw. Sachkundigen des Betreibers zunächst erörtert werden.

⑤ Akustische Signale ab

Mit gelbem Dauerlicht wird angezeigt, dass die Ansteuerungseinrichtung für die akustischen Signale (Räumungs- bzw. Internalarm) der BMA abgeschaltet ist. Die Abschaltung kann wie bei den Brandfallsteuerungen sowohl an der BMZ als auch am FBF erfolgen. Bei einer Abschaltung der akustischen Signale am FBF leuchtet auch der neben der LED angeordnete Taster. Eine Abschaltung an der BMZ kann vom FBF im Alarmzustand aufgehoben werden, der Alarm kann also von der Feuerwehr wieder angeschaltet werden. Achtung: Der Räumungsalarm bei Gaslöschanlagen ist von der Abschaltung nicht betroffen.

Merke:

Nach dem Rückstellen der BMA muss der Taster »Akustische Signale ab« ggf. ebenfalls wieder zurückgestellt werden (die akustischen Signale müssen also wieder aktiviert werden; der Taster darf nicht leuchten).

⑥ BMZ rückstellen

Ein rotes (bei älteren Anlagen auch gelbes) Dauerlicht zeigt an, dass sich die BMA im Alarmzustand befindet oder befand. Die rote LED leuchtet 15 Minuten lang, auch wenn der Betreiber die BMA bereits an der BMZ zurückgestellt hat und behauptet, die Anlage hätte nicht ausgelöst (Ausnahme: Bei sehr alten FBF [vor 2001] kann diese Funktion deaktiviert sein). Durch die Kontrolle des FBF kann die Feuerwehr schnell sehen, ob ein Alarmzustand ausgelöst worden war. Die LED erlischt in folgenden Fällen:

- automatisch nach 15 Minuten, wenn sich BMZ und ÜE wieder im Ruhezustand befinden;
- nach 15 Minuten, wenn der Betreiber BMZ und ÜE an der BMZ zurückgestellt hat;
- mit dem ordnungsgemäßen Zurückstellen der BMZ und ÜE durch die Feuerwehr am FBF.

Die Anzeige leuchtet nicht, wenn die ÜE am FBF oder direkt an der ÜE ausgelöst wurde; wird jedoch ein an der ÜE montierter Handfeuermelder ausgelöst, leuchtet die LED – auch wenn dann keine Meldergruppe an der BMZ angezeigt wird.

Mit dem durch einen Kunststoffdeckel gegen unbeabsichtigte Betätigung geschützten Taster kann die BMZ und die ÜE wieder in den Ruhezustand zurückgesetzt werden. Das bedeutet, der Einsatzleiter kann die BMA durch Drücken des Tasters wieder »scharf schalten«.

⑦ ÜE ab

Ein gelbes Dauerlicht zeigt an, dass die Ansteuerung der BMA für die Übertragungseinrichtung (ÜE) abgeschaltet ist. Ein auflaufender Alarm wird bei abgeschalteter ÜE nicht an die hilfeleistende Stelle weitergeleitet, sodass keine Alarmierung der Feuerwehr erfolgen kann. Die ÜE-Abschaltung kann an der BMZ oder am FBF erfolgen. Bei einer Abschaltung am FBF leuchtet auch der neben der LED angeordnete Taster. Abschaltungen am FBF können nicht an der BMZ aufgehoben werden und umgekehrt. Die Einschaltung der ÜE kann zudem nur erfolgen, wenn die Abschaltung weder am FBF noch an der BMZ aktiv ist.

⑧ ÜE prüfen

Mit dem Taster wird die Übertragungseinrichtung (ÜE) bzw. der Hauptmelder zur Prüfung der Auslösung angesteuert, das heißt, der Übertragungsweg zur Leitstelle wird getestet. Hierbei wird allerdings kein Alarmzustand der BMZ inklusive Ansteuerung der Brandfallsteuerungen, FSD, Blitzleuchte und akustischen Signale ausgelöst. Nach Taster-Betätigung leuchtet die rote LED »ÜE ausgelöst« bis die ÜE wieder zurückgestellt wurde.

7 Bedienung von Feuerwehr-Anzeigetableau und Feuerwehr-Bedienfeld

In den Kapiteln 5 und 6 wurden die Anzeigen und Schalter bzw. Taster des Feuerwehr-Anzeigetableaus (FAT) und des Feuerwehr-Bedienfeldes (FBF) vorgestellt. In diesem Kapitel soll die Bedienung anhand eines Standardeinsatzes aufgezeigt werden. Denn im Normalfall sind nicht alle Schalter und Anzeigen für die erfolgreiche Abarbeitung eines Einsatzes »Brandmeldeanlage« notwendig. Auf die Hinweise für den Gruppenführer in Kapitel 4 wird verwiesen.

Praxistipp:

Verfügt die Brandmeldeanlage über kein Feuerwehr-Anzeigetableau (FAT), sollte die Meldung im BMZ-Display sehr genau angesehen werden, weil dort häufig auch andere Abschalt-, Störungs- oder Wartungsmeldungen angezeigt werden. Verfügt die (sehr alte) BMZ über kein Display, sondern nur über LED, die im Alarmfall in Rot oder Gelb leuchten, muss sehr genau die Meldergruppe abgelesen werden. Denn die Anordnung der Meldergruppen-Beschriftung an solchen BMZ variiert und kann sowohl ober- als auch unterhalb der LED-Reihe stehen.

7.1 Bedienung des Feuerwehr-Anzeigetableaus

Die Einsatzkräfte lesen die Meldung(en) im Display des Feuerwehr-Anzeigetableaus (FAT) ab. Sollten die Pfeiltasten leuchten, liegen mehr als zwei Meldungen vor. Mittels der Pfeiltasten werden die Meldungen durchgeblättert und von den Einsatzkräften ausgewertet/notiert. Die Meldungen werden dabei immer in der oberen Hälfte des Displays angezeigt; die letzte Meldung (= die aktuellste Meldung) in der unteren Displayhälfte bleibt stehen. Laufen weitere Meldungen während der Erkundungsphase ein, blinkt die rote LED »Alarm« und der Summer ertönt. Melder gleicher Meldergruppen werden in der Regel nicht angezeigt, sondern nur der erste ausgelöste Melder der Meldergruppe. Die weiteren ausgelösten Melder der gleichen Meldergruppe werden bei der BMA-Rückstellung jedoch angezeigt.

Ist die BMA bereits vor Eintreffen der Feuerwehr von Verantwortlichen des Objektes zurückgestellt worden, muss die Feuerwehr dennoch den Schutzbereich des ausgelösten Melders kontrollieren. Mit einem ca. fünf Sekunden langen Drücken auf den Taster »Anzeigeebene/History« schaltet das FAT in die History-Funktion, bei der die letzten Meldungen bzw. ausgelösten Meldergruppen der vergangenen 90 Minuten im Display angezeigt werden – auch wenn die BMA bereits zurückgestellt ist. Durch einen weiteren Druck auf den Taster »Anzeigeebene« gelangt man wieder in den Ruhezustand zurück. Die History-Funktion ist bei älteren FAT nicht vorhanden.

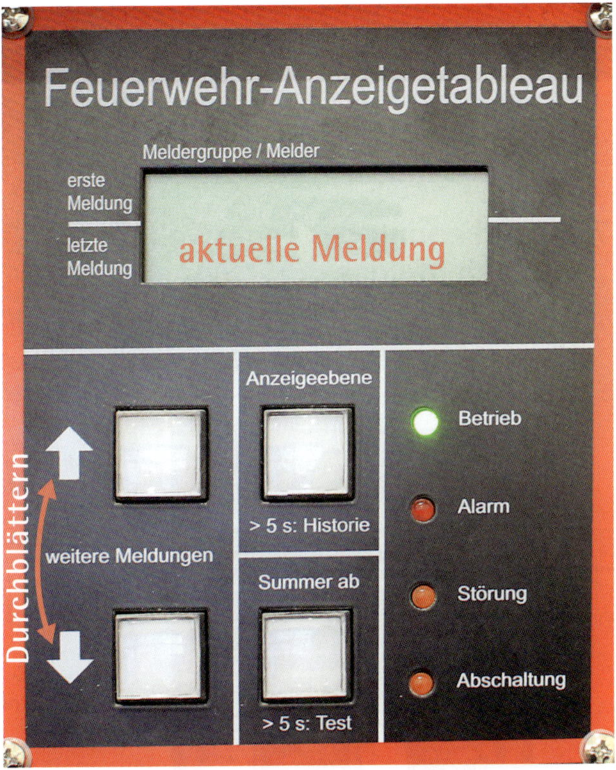

Bild 44: ***Mit den Pfeiltasten können die Meldungen am FAT »durchblättert« werden. Die aktuellste Meldung bleibt immer in der unteren Display-Hälfte stehen.***

Merke:

Sind mehrere Meldergruppen ausgelöst, sollten diese schriftlich festgehalten werden. So kann man schnell neu ausgelöste Meldergruppen feststellen und behält den Überblick.

7.2 Bedienung des Feuerwehr-Bedienfeldes

Auch am Feuerwehr-Bedienfeld (FBF) sind nur wenige Anzeigen bzw. Taster bei einem Standardeinsatz notwendig. Mit dem Taster »Akustische Signale ab« kann die Feuerwehr den

Bild 45: ***Die BMZ wird über die Taste »BMZ rückstellen« wieder in den Ruhezustand zurückversetzt. Die anderen Tasten sind beim Standardeinsatz in der Regel nicht zu bedienen.***

objektinternen Räumungs- bzw. Evakuierungsalarm abschalten, sofern die Lage dies zulässt. Genauso kann über diesen Taster der Alarm auch zugeschaltet werden, wenn er vom Betreiber direkt an der BMZ ausgeschaltet worden sein sollte.

Die rote LED »Löschanlage ausgelöst« zeigt an, dass eine Löschanlage (z. B. Gaslöschanlage) ausgelöst hat und in Funktion ist. Daraus ergeben sich unter Umständen einsatztaktische Erfordernisse (z. B. Eigenschutz bei Gaslöschanlagen).

Mit der Taste »BMZ rückstellen« wird die Anlage wieder in den Ruhezustand zurückgesetzt, also wieder »scharf« geschaltet. Die Rückstellung kann nach Drücken des Tasters mehrere Sekunden bis Minuten dauern.

Merke:

Die Feuerwehr stellt Brandmeldeanlagen immer am Feuerwehr-Bedienfeld zurück, nie (!) an der Brandmelderzentrale.

Merke:

Ein leuchtender Taster am FBF zeigt an, dass die Funktion am FBF geschaltet wurde. Leuchtet nur die LED, wurde die Funktion an der BMZ geschaltet.

7.3 Rückstellung von Handfeuermeldern

Handfeuermelder (früher: Druckknopfmelder) sind in diversen Varianten im Einsatz. Sie sind zwar genormt, unterscheiden sich hinsichtlich der Rückstellung nach einer Auslösung jedoch im Detail. Bei allen Meldern ist gleich, dass der Drucktaster nach der Betätigung arretiert wird und eine rote LED die Auslösung des Melders anzeigt. Handfeuermelder müssen im Gegensatz zu automatischen Meldern jedoch manuell zurückgestellt werden. Dazu ist der Melder mittels eines speziellen Schlüssels, der idealerweise am Bund der Feuerwehrschließung mitgeführt wird, zu öffnen und der Arretierhebel zu lösen, wenn er nicht bereits durch den Öffnungsvorgang des Meldergehäuses entriegelt wurde. Dieser Arretierhebel (meist aus schwarzem Kunststoff) sitzt je nach Meldertyp im Gehäuse an der linken Seite oder rechts oberhalb der Scheibe. Es gibt jedoch auch Melder, die nur durch Schließen des Schlosses (je nach Hersteller links oder rechts herum) bereits zurückgestellt werden und ohne Arretierhebel geliefert werden. Es empfiehlt sich, während der Rückstellung des Hebels auch die Glasscheibe des Melders in einem Arbeitsgang zu erneuern.

Schließlich muss die BMA noch am Feuerwehr-Bedienfeld zurückgestellt werden. Handfeuermelder verfügen über ein rotes Gehäuse aus Metall oder Kunststoff. Andersfarbige Gehäuse werden für Hausalarmanlagen (Blau), Rauch- und Wärmeabzugsanlagen (Grau oder Orange) und Löschanlagen (Gelb) verwendet.

Bild 46: ***Beim Zurückstellen der Handfeuermelder muss der Arretierhebel (links) gelöst werden. Die rote LED rechts oben zeigt einen ausgelösten Melder an.***

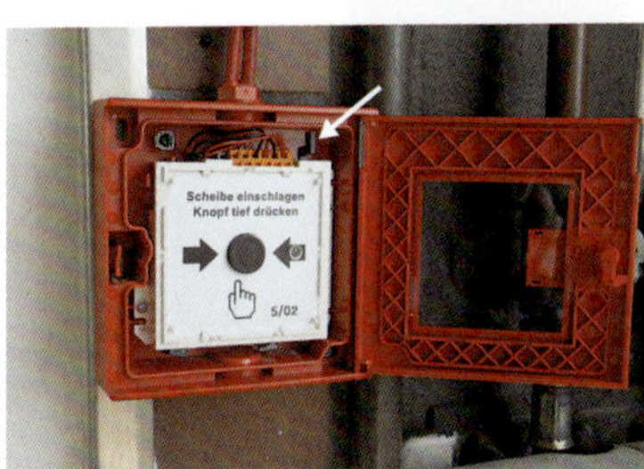

Bild 47: ***Der Arretierhebel kann auch rechts oberhalb der Scheibe sitzen (Pfeil).***

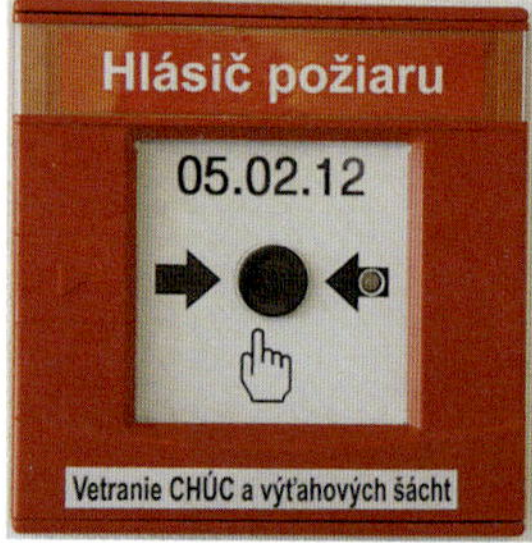

Bild 48: *Kennzeichnung von Handfeuermeldern. Das Gehäuse ist in Deutschland rot. Die neueren Melder haben anstelle einer Aufschrift das Piktogramm eines brennenden Hauses, ggf. ergänzt um das Wort »Feuer«, um sprachliche Barrieren zu überwinden. Wie wichtig eine eindeutige Kennzeichnung ist, zeigt das Beispiel eines Handfeuermelders in der Slowakei. Wer die Sprache nicht spricht, weiß nicht, dass der Melder eine Alarmierungsmöglichkeit der Feuerwehr ist.*

Bild 49: ***Ein Einzelstück dürfte der blaue Handfeuermelder einer auf die Integrierte Leitstelle aufgeschalteten Brandmeldeanlage in einem Bürohaus in Deutschland sein. Dies zeigt, dass die Feuerwehrangehörigen im Einsatz auch mit Überraschungen rechnen müssen und sich bei der Suche des Melders nicht nur auf die rote Farbe verlassen können.***

Bild 50: ***Blaue Handfeuermelder mit der Beschriftung »Hausalarm« lösen nur intern einen Alarm aus – und sind nicht direkt zu einer alarmauslösenden Stelle aufgeschaltet. Diese Geräte sind Bestandteil einer internen, nicht auf die Leitstelle aufgeschalteten Brandmeldeanlage.***

8 Interne Brandmeldeanlagen

Baurechtlich geforderte Brandmeldeanlagen müssen immer zu einer alarmauslösenden Stelle wie beispielsweise der Integrierten Leitstelle aufgeschaltet werden, sodass die Feuerwehr im Alarmfall ohne Verzögerung alarmiert werden kann. Allerdings gibt es häufig so genannte interne Brandmeldeanlagen, die auch als Hausalarmanlagen bezeichnet werden. Diese internen Brandmeldeanlagen sind in der Regel »nur« zu einem Wachdienst oder einem Pförtner aufgeschaltet, der im Alarmfall dann die Integrierte Leitstelle über den europaweiten Notruf 112 informiert oder aber diese Anlagen leiten den Alarm gar nicht weiter und lösen nur einen Alarmton im Gebäude aus – in der Hoffnung, dass eine sich im Gebäude befindende Person den Alarm hört und im besten Fall die Feuerwehr alarmiert. Die Gründe für die Installation solcher internen Brandmeldeanlagen sind vielfältig und sollen daher an dieser Stelle nicht weiter ausgeführt werden. Das Problem für die Feuerwehr ist, dass bei solchen internen Brandmeldeanlagen nicht immer alle gewohnten Komponenten einer Brandmeldeanlage vorhanden sind und diese – sofern vorhanden – möglicherweise nicht gewartet werden.

Sehr oft sind weder ein FSE noch ein FSD vorhanden, sodass die Feuerwehr außerhalb der Betriebszeiten des Gebäudes keinen Zugang hat und sich diesen notfalls gewaltsam unter Berücksichtigung der Verhältnismäßigkeit verschaffen muss (zum Beispiel durch eine Tür- oder Fensteröffnung). Allerdings kommt hier der Erkundung (wie beim Heimrauchmelder) eine erhebliche Bedeutung zu. Unstrittig ist, dass die Feuerwehr das Objekt und damit den ausgelösten Melder kontrollieren muss, da es durch die Auslösung der internen Brandmeldeanlage einen objektiven Anhaltspunkt für das Vorhandensein einer Gefahr gibt.

Ein weiteres Problem aus der Praxis ist, dass interne Brandmeldeanlagen vom Anlagenbetreiber häufig bereits zurückgestellt werden, bevor die Feuerwehr an der Einsatzstelle eingetroffen ist. Kann der ausgelöste Melder über die History-Funktion des Feuerwehr-Anzeigetableaus oder den Protokolldrucker der Brandmelderzentrale nicht festgestellt werden oder sind die Komponenten nicht vorhanden, muss das gesamte Objekt von der Feuerwehr begangen werden, um ein Schadenfeuer ausschließen zu können. Dass das Gebäude in diesem Fall solange geräumt bleibt, ist selbstverständlich (ggf. ist ein erneuter Räumungsalarm auszulösen).

Gibt es Probleme bei der Rückstellung der internen Brandmeldeanlage, gelten die gleichen Vorgaben wie bei aufgeschalteten Brandmeldeanlagen (siehe Kapitel 4.3).

Handfeuermelder sind bei internen Brandmeldeanlagen in der Regel in Blau ausgeführt und mit »Hausalarm« beschriftet. Sie sind – wie die gesamte interne Brandmeldeanlage – nicht auf die alarmauslösende Stelle aufgeschaltet, sondern lösen nur die interne Brandmeldeanlage aus.

9 Problemlösungen

Brandmeldeanlagen sind komplexe technische Einrichtungen. Je nach Alter und Wartung einer Anlage kann es dabei einerseits zu technisch bedingten Fehlalarmen, andererseits aber auch zu Bedienungsproblemen kommen. Einsatzrelevant sind nur die letztgenannten Fälle. Nachstehend einige Praxistipps zur Problemlösung, falls es einmal nicht so läuft wie geplant. Diese Aufzählung kann jedoch nicht abschließend sein. Sollte es zu unerwarteten Problem mit der BMA an einer Einsatzstelle kommen, sollte sich der Einsatzleiter nicht scheuen, den Wartungsdienst zu rufen (die Telefonnummer findet sich oft auf der BMZ).

Problem 1: Die BMA wurde durch den Betreiber vor Eintreffen der Feuerwehr zurückgestellt

Hat der Betreiber die BMA vor Eintreffen der Feuerwehr zurückgestellt, leuchtet am FBF dennoch 15 Minuten lang die rote LED »BMZ rückstellen«, sodass der Einsatzleiter durchaus nachweisen kann, dass die BMA ausgelöst hatte. Verfügt die BMA über einen Protokolldrucker (ggf. Betreiber fragen) oder das FAT über eine History-Funktion, kann die ausgelöste Meldergruppe schnell festgestellt werden. Ansonsten muss der komplette durch die BMA überwachte Bereich (alle Melder) begangen werden, um ein Schadenfeuer auszuschließen. Dies ist allerdings u. U. sehr zeitintensiv.

Eine weitere Möglichkeit ist, dass ein Servicetechniker (sofern vor Ort) den Speicher der Anlage ausliest.

Um bei einer solchen Lage während der Erkundungszeit der Feuerwehr die Brandfallsteuerungen zu aktivieren und vor allem den Generalhauptschlüssel verfügbar zu haben, sollte die BMA über das FSE erneut ausgelöst werden.

Problem 2: Der Betreiber hat eine Erkundungszeit programmiert

Zur Vermeidung von Fehl- bzw. Täuschungsalarmen sind an der BMA technische Maßnahmen (Betriebsart TM) oder personelle Maßnahmen (Betriebsart PM) zulässig. In der Betriebsart PM dürfen eingewiesene Personen nach der Alarmauslösung das Gebäude erkunden und bei einem Falschalarm die BMA manuell zurücksetzen. Vor der Erkundung muss die eingewiesene Person den Alarm innerhalb von 30 Sekunden an der BMA quittieren. Danach beginnt die 180 Sekunden lange Erkundungszeit. Stellt die eingewiesene Person fest, dass kein Feueralarm vorliegt, kann sie die BMA während der Erkundungszeit manuell über die BMZ zurückstellen. Erfolgt keine Quittierung oder läuft ein zweiter Melder ein, erfolgt eine sofortige Alarmweiterleitung an die hilfeleistende Stelle (z. B. Leitstelle der Feuerwehr). Problematisch bei der Betriebsart PM sind die eingewiesenen Personen, die oft nicht über ausreichende Kenntnisse der BMA verfügen, sodass der Alarm an die Feuerwehr weitergeleitet wird. Beim Eintreffen der Einsatzkräfte ist die BMZ dann aber häufig zurückgestellt. Die Feuerwehr erkennt an der roten LED »BMZ rückstellen« des FBF jedoch, dass die BMA ausgelöst hatte und muss den Meldebereich – und wenn dieser nicht mehr feststellbar ist, z. B. durch BMA-Drucker oder Betreiberaussagen, das gesamte Objekt – kontrollieren (siehe auch vorheriger Punkt). Sollte es in einem

Objekt wiederholt zu Zweifeln an der Qualifikation des eingewiesenen Personals kommen, sollte der verantwortliche Leiter der Feuerwehr eine schriftliche Mängelmeldung an die zuständige Baurechtsbehörde veranlassen, da die (funktionsfähige) Brandmeldeanlage häufig Bestandteil der Baugenehmigung ist.

Technische Maßnahmen zur Falschalarmvermeidung sind beispielsweise eine Zweimeldungsabhängigkeit (bisher als Zwei-Melder-Abhängigkeit und Zwei-Gruppenabhängigkeit bezeichnet) oder eine Alarmzwischenspeicherung über eine Dauer von zehn Sekunden, in welcher der Alarm ständig anstehen muss. Diese technischen Maßnahmen haben in der Regel jedoch keine Auswirkungen auf den Feuerwehreinsatz.

Problem 3: Die BMA kann nicht durch das FSE ausgelöst werden

Die Auslösung einer BMA mittels Freischaltelement kann einige Sekunden dauern. Man muss daher nach der Bedienung des FSE bis zu 30 Sekunden abwarten. Zur Funktionskontrolle des FSE ist die eventuell vorhandene Blitzleuchte am Objekt zu beobachten.

Sollte die BMA-Auslösung mittels FSE nicht möglich sein, könnte – sofern ein Zugang in das Objekt besteht – ein Handfeuermelder ausgelöst werden.

Problem 4: Das FSE lässt sich nicht öffnen

Das FSE ist in der Regel mit einer Schutzkappe abgedeckt, die seitlich weggedreht werden kann. Bei neueren FSE ist diese Schutzkappe als Sabotageschutz magnetisch ausgeführt, sodass sich diese nicht durch seitliches Drehen bewegen lassen. Hier muss mit einem Magneten die Kappe entriegelt und seitlich weggedreht werden. Diese Kappen lassen sich leicht durch die massive Materialausführung erkennen.

Problem 5: Das FSD öffnet nicht automatisch durch den BMA-Alarm

Sollte die Außenklappe des FSD nicht automatisch durch den BMA-Alarm entriegelt worden sein, kann ein leichter Druck gegen die Außenklappe des FSD helfen, um den Öffnungsmechanismus zu aktivieren. Erst danach sollte dann an der Klappe gezogen werden.

Sollte dies erfolglos sein, kann die BMA nochmals durch das Freischaltelement (oder einen Handfeuermelder, sofern zugänglich) ausgelöst werden. Die Öffnung des FSD kann je nach Übertragungsweg bis zu 30 Sekunden dauern. Zur Öffnung des FSD ist eine Alarmübertragung mittels Übertragungseinrichtung (ÜE) notwendig (ggf. daher ÜE-Abschaltung am Feuerwehr-Bedienfeld prüfen).

Ist das FSD aufgrund einer Sabotagemeldung verriegelt (vgl. Anzeige Sabotagealarm auf dem BMZ- bzw. FAT-Display), kann es nur durch den Wartungsdienst mittels Code geöffnet bzw. zurückgestellt werden.

Ein Aufbruch der Außenklappe des FSD sollte die Ausnahme sein und nur nach ausführlicher Lageerkundung und -abschätzung erfolgen, weil das FSD dann mit hohem Kostenaufwand komplett ersetzt werden muss. Als geeignete Werkzeuge haben sich dazu Hammer und ein kleiner Flachmeißel bewährt, allerdings muss mit einem erheblichen Zeitaufwand gerechnet werden.

Bild 51: ***Der Aufbruch eines FSD sollte – auch im Einsatz – die Ausnahme sein, weil er zeitintensiv ist und einen Austausch des FSD erfordert.***

Sollte die Innentür des FSD (beispielsweise durch technischen Defekt infolge Bolzenbruch) nicht zu öffnen sein, gibt es für die Feuerwehr kaum Möglichkeiten, diese gewaltsam zu öffnen, da die Zugangsmöglichkeiten sehr eingeschränkt sind.

Problem 6: Ein Melder löst ständig erneut aus

Löst ein Melder ständig neu aus und wurde der Überwachungsbereich des Melders eingehend überprüft, liegt in der Regel ein technischer Defekt vor. Bei Handfeuermeldern ist zu überprüfen, ob der Melder ordnungsgemäß zurückgestellt ist. Da die Feuerwehr niemals Meldergruppen abschaltet, ist der Betreiber zu verständigen und anzufordern, sofern keine Mitarbeiter des Objektes oder andere Verantwortliche vor Ort sind. Bis zum Eintreffen des Betreibers kann die Übertragungseinrichtung (ÜE) abgeschaltet werden (Taster »ÜE ab« am FBF), um eine dauernde Alarmübertragung an die Leitstelle zu unterbinden.

Die Feuerwehr muss (ggf. mit reduzierten Kräften) das Eintreffen des Betreibers abwarten und die Einsatzstelle dem Betreiber mit dem Hinweis übergeben, die entsprechende Meldergruppe abzuschalten und den Wartungsdienst zu verständigen. Zudem ist der Hinweis an den Betreiber sicher richtig, dass er ggf. Kompensationsmaßnahmen aufgrund des fehlenden BMA-Schutzes vornehmen muss. Die Feuerwehr muss vor Verlassen der Einsatzstelle die ÜE natürlich wieder einschalten.

Gerade bei älteren BMA oder BMA mit zwei unterschiedlich alten BMZ ist es wichtig zu prüfen, ob nicht eventuell zwei Meldergruppen gleichen Namens vorliegen. Beide Überwachungsbereiche sind dann zu überprüfen. Gleiches kann natürlich auch bei neueren BMZ mit vertauschter Programmierung der Fall sein – ein Fall, der gar nicht so selten ist.

Problem 7: Die BMA lässt sich nicht zurückstellen

Lässt sich die BMA nicht zurückstellen, obwohl nur ein (bereits überprüfter) Melder ausgelöst hat, zuerst die Türverriegelung der BMZ prüfen. Ist die Tür geöffnet, lässt sich die Anlage (je nach Typ) häufig nicht zurückstellen. Die Übertragungseinrichtung (ÜE) ist zur Rückstellung der BMA notwendig. Die

BMA-Rückstellung kann bis zu 30 Sekunden nach dem Drücken des Tasters dauern.

Eine andere häufige Möglichkeit ist, dass der Handfeuermelder nicht korrekt zurückgestellt ist (die Meldung wird dann aber im FBF-/BMZ-Display angezeigt).

Eine weitere Möglichkeit ist, dass bei Vorhandensein eines Feuerwehrschlüsselschranks (FSS) der Objektschlüssel noch nicht bzw. nicht richtig in den Aufnahmesteckplatz des Schlüsselschranks eingesteckt wurde.

Problem 8: Das Abschließen des Objektes wurde vergessen und das FSD ist bereits verriegelt

Hat man vergessen, dass Objekt wieder abzuschließen und der Generalhauptschlüssel ist bereits wieder im verriegelten FSD, gibt es nur eine Möglichkeit: Die BMA über das Freischaltelement (FSE) erneut auslösen, Generalhauptschlüssel entnehmen, BMA zurückstellen, Objekt verschließen und schließlich FSD schließen. Wichtig ist, die Leitstelle vor dem erneuten Auslösen der BMA kurz zu informieren (der Grund ist über Funk nicht mitzuteilen).

Ist kein FSE vorhanden, kann man die BMA über einen Handfeuermelder im Objekt auslösen (nicht aber über den Hauptmelder).

Problem 9: Das FSD kann nicht verriegelt werden

Allgemein/neuere BMA: Im Normalfall wird am FBF der Taster »BMZ rückstellen« gedrückt, dann der Generalhauptschlüssel in das FSD gehängt und das FSD verschlossen. Die Schritte sind ggf. zu wiederholen bzw. zu prüfen. Es ist zu prüfen, dass die Tür der BMZ geschlossen ist, sich der Schlüssel korrekt im FSD befindet und die Übertragungseinrichtung (ÜE) nicht abgeschaltet ist. Das FSD kann erst verriegeln, wenn die BMA zurückgesetzt ist. Die Verrieglung der FSD-Außenklappe kann bis zu 30 Sekunden dauern.

Alte BMA: Gerade bei sehr alten BMA kann es vorkommen, dass das FSD nicht verriegelt. Dies hat technische Gründe infolge einer internen Ruheabfrage der Übertragungseinrichtung (ÜE) und erfordert ein anderes Vorgehen der Einsatzkräfte: Nach der Rückstellung der BMA über den Taster »BMZ rückstellen« am Feuerwehr-Bedienfeld (FBF) muss am FBF die Taste »ÜE ab« mindestens eine Minute lang gedrückt werden, da die ÜE-Ruhemeldung von der Leitstelle entsprechend Zeit benötigt. Danach muss die ÜE wieder zugeschaltet werden; gleichzeitig wird angezeigt, dass das FSD entriegelt bzw. geöffnet ist. Nun kann der Generalhauptschlüssel eingehängt und das FSD verschlossen werden. Die Verriegelung der FSD-Außenklappe kann bis zu 60 Sekunden dauern.

Problem 10: An der BMZ wird ein Inspektionsalarm eines Handfeuermelders angezeigt bzw. ein Handfeuermelder löst bei einem Test keinen Alarm aus

Bestimmte Handfeuermelder-Typen lösen bei geöffneter Frontklappe keinen (Feuer-)Alarm aus – auch bei aktiver, also eingeschalteter ÜE. Stattdessen wird ein »Inspektionsalarm« mit der Angabe der Meldergruppe des ausgelösten Handfeuermelders an der BMZ angezeigt. Dieser Alarm kann nicht über das FBF zurückgestellt werden, sondern erfordert die Rückstellung durch den Wartungsdienst. Um diesen Inspektionsalarm zu vermeiden, muss bei einer Testauslösung (also ohne Einschlagen der Glasscheibe) ein vorhandener kleiner silberner Hebel am Gehäuserand (meist über dem Arretierhebel zur Rückstellung des Melders) gedrückt werden.

Bild 52: ***Um bei einer Testauslösung eines Handfeuermelders einen Inspektionsalarm zu vermeiden, muss der silberne Hebel (Pfeil) beim geöffneten Meldergehäuse gedrückt werden.***

10 Rauchwarnmelder beim Feuerwehreinsatz

Rauchwarnmelder, teilweise auch als Heimrauchmelder bezeichnet, sind mittlerweile in Wohnhäusern weit verbreitet. In allen Bundesländern schreibt die jeweilige Landesbauordnung die Installation von Heimrauchmeldern vor. Sie sind jedoch kein Ersatz für baurechtlich geforderte BMA, da sie nur dem Personenschutz dienen.

Rauchmelder können mittels Batterie oder über eine fest verlegte Stromversorgung betrieben werden. Sie können zudem auch miteinander vernetzt, an eine Gefahrenwarnanlage oder sogar an ein Telefonwählgerät angeschlossen werden.

So nützlich wie die Rauchwarnmelder auch sind – mangelnde Wartung oder technische Defekte können zum »Piepen« der Lebensretter führen. In manchen Großstädten soll es bereits mehr als fünf solcher Einsätze pro Tag geben, was zu einer Belastung der Einsatzkräfte führt. Aber auch bei kleineren Freiwilligen Feuerwehren steigt mit zunehmender Verbreitung die Wahrscheinlichkeit, mit einem Einsatz des Stichwortes »ausgelöster Rauchwarnmelder« konfrontiert zu werden.

Einsätze im Zusammenhang mit Rauchwarnmeldern werden in der Regel von aufmerksamen Nachbarn ausgelöst. Die haben den Alarmton des Rauchwarnmelders wahrgenommen und die Leitstelle per Notruf informiert. Alarmiert der Leitstellendisponent die Feuerwehr, rückt diese zur Einsatzstelle aus. Hierbei obliegt es der jeweiligen Feuerwehr, die Einsatzmittel zu bestimmen: Reichen ein Löschfahrzeug und eine

Drehleiter aus oder fährt ein ganzer Löschzug die Einsatzstelle an? Manche Feuerwehren haben anstelle des Löschzuges aufgrund der Häufigkeit derartiger Einsätze die Alarm- und Ausrückeordnung bereits angepasst. Der Autor ist hingegen ein Anhänger des kompletten Löschzuges als taktischer Einheit, schließlich ist ein ausgelöster Rauchwarnmelder ein Hinweis auf ein Schadenfeuer in einem Gebäude. Welche Kräfte auch immer ausrücken: Es ist klar, dass ein Ausrücken nur eines Führungsfahrzeuges »zur Überprüfung der Einsatzstelle« nicht angemessen ist, da immer mit dem Vorliegen eines Schadenfeuers gerechnet werden muss.

Rauchwarnmelder sind kein Ersatz für baurechtlich geforderte Brandmeldeanlagen. Sie sind zertifizierte Bauprodukte und dienen ausschließlich der frühzeitigen Warnung und damit der Selbstrettung von Menschen in Wohnungen und Aufenthaltsräumen. Die einschlägige DIN 14676 »Rauchwarnmelder für Wohnhäuser, Wohnungen und Räume mit wohnungsähnlicher Nutzung – Einbau, Betrieb und Instandhaltung« stellt ausdrücklich klar, dass Rauchwarnmelder nicht der Alarmierung der Feuerwehr dienen – im Gegensatz zu den Brandmeldeanlagen, welche oft mit hohem Aufwand errichtet, gewartet und möglichst fehlalarmsicher gemacht werden.

Welche Maßnahmen sind bei Einsätzen mit ausgelösten Rauchwarnmeldern einzuleiten, wenn die Feuerwehr vor Ort eingetroffen ist? Vor allem der genauen Erkundung kommt eine besondere Bedeutung zu. Hier sind vor allem die folgenden Fragen zu beantworten:

- Was hat ausgelöst bzw. piept? Ist es wirklich der dauernd piepende Alarmton eines Rauchwarnmelders oder nur der so genannte Batteriealarm? Oder piept gar irgendein anderes Gerät?

- Sind vor Ort und/oder auch durch die Befragung der Nachbarn bzw. der Anrufer weitere Brandmerkmale feststellbar (zum Beispiel Brandgeruch, typische Brandgeräusche, Brandrauch)?
- Welche Zeitspanne liegt zwischen dem Auslösen des Rauchwarnmelders und dem Eintreffen an der Einsatzstelle?

Das Auslösen eines Rauchwarnmelders ist grundsätzlich ein objektiver Anhaltspunkt für das Vorhandensein einer Gefahr, sodass ein Feuerwehreinsatz überhaupt gerechtfertigt ist.

Sind an der Einsatzstelle zusätzlich Brandmerkmale feststellbar, muss von einem Schadenfeuer ausgegangen werden, sodass sich die Feuerwehr – je nach Lage – auch gewaltsam Zutritt zur Brandbekämpfung verschaffen muss.

Liegen Brandmerkmale jedoch nicht vor, muss der Einsatzleiter anhand des Führungsablaufes die Lage beurteilen. Wurde der Piepton eindeutig als Alarmton des Rauchwarnmelders identifiziert, hat die Feuerwehr den entsprechenden Raum zu erkunden, dabei ist jedoch der Verhältnismäßigkeitsgrundsatz zu beachten.

Dies ist für den Einsatzleiter an sich nichts Neues: Denn bei allen Einsätzen kommt es auf die Grundsätze der Verhältnismäßigkeit an. Schließlich sind alle Handlungen, die unverhältnismäßig sind, rechtswidrig und brauchen nicht geduldet werden. Der Einsatzleiter muss, insbesondere wenn er (noch) nicht alle Umstände des Einsatzes abschließend bewerten kann, mit gesundem Menschenverstand die Situation bewerten und den Grundsatz der Verhältnismäßigkeit anwenden. Dies bedeutet, er muss von der anzunehmenden größtmöglichen Gefahr ausgehen und dabei aber auch die Eintrittswahrscheinlichkeit sowie die Auswirkungen der von ihm geplanten Maßnahmen beachten. Die Erfüllung der Verhältnismäßigkeit bedingt:

- **Geeignetheit:** Die Maßnahmen müssen zur Abwehr der Gefahr geeignet sein.
- **Erforderlichkeit:** Es ist diejenige Maßnahme zu wählen, welche den Einzelnen und die Allgemeinheit am wenigsten beeinträchtigt. Erforderlich ist die Maßnahme, welche die Gefahr am besten bekämpft und dabei die Rechte anderer am wenigsten beeinträchtigt.
- **Verhältnismäßigkeit im engeren Sinn:** Es dürfen nur solche Maßnahmen gewählt werden, die nicht zu einem Schaden führen, der zu der beabsichtigten Gefahrenabwehr erkennbar außer Verhältnis steht.

Dies bedeutet für den Einsatz des ausgelösten Rauchwarnmelders vor allem: Ist die Zeitspanne zwischen dem ersten Auslösen des Rauchwarnmelders und dem Eintreffen der Feuerwehr an der Einsatzstelle bereits sehr lang, ist es eher unwahrscheinlich, dass ein Schadenfeuer vorliegt, da man dies nach einer längeren Vorbrennzeit auch von außen wahrnehmen können müsste.

Grundsätzlich sind die betroffenen Räume jedoch zunächst von außen – notfalls auch mittels tragbarer Leitern oder mittels eines Hubrettungsfahrzeuges – zu kontrollieren. Dabei ist nicht nur auf Flammenschein zu achten, sondern insbesondere auch auf eine leichte, diffuse Verrauchung der Räume. Diese ist gerade bei diesigem Wetter und bei Dunkelheit teilweise nur schwer durch Fenster wahrnehmbar.

Bild 53: ***Mangelnde Wartung oder technische Defekte an Rauchwarnmeldern führen häufig zu Einsätzen mit dem Stichwort »ausgelöster Rauchwarnmelder«.***

Nur wenn nicht alle Bereiche des Raumes, in dem der Rauchmelder ausgelöst hat, von außen kontrolliert werden können, muss die Feuerwehr den Raum betreten. Die Feuerwehr darf sich bei nicht vorhandenen Brandmerkmalen keinesfalls gewaltsam Zugang verschaffen, sondern muss sich gegebenenfalls gewaltfrei Zugang zur Kontrolle der Räume verschaffen, zum Beispiel durch Ziehen des Schließzylinders der Wohnungstür mittels Türöffnungswerkzeug oder durch Öffnen eines gekippten Fensters. Die erste Frage sollte aber immer an den Anrufer bzw. die Nachbarn gerichtet sein, ob jemand einen Schlüssel hat. Aufgrund des Grundrechts der Unverletzlichkeit der Wohnung darf der Zutritt nur zusammen mit der Polizei erfolgen. Diese muss gegebenenfalls nachgefordert werden. Die Ermächtigungsgrundlage zum Betreten der Wohnung findet sich in jedem Brandschutzgesetz der Bundesländer (Aufgaben der Feuerwehr in Verbindung mit den Duldungspflichten [Tönnemann, 2008]).

Merke:

Bei einem Vorgehen in der Wohnung bzw. im Haus ist grundsätzlich die so genannte schadenarme Einsatztaktik zu beachten.

In der Regel wird die Feuerwehr den Rauchwarnmelder nach der Erkundung durch Entnahme der Batterie deaktivieren. Reicht allerdings die Erkundung von außen aus, um festzustellen, dass kein Schadenfeuer oder eine andere konkrete Gefahr vorliegen, muss der Rauchwarnmelder nicht deaktiviert werden, da dies nicht Aufgabe der Feuerwehr ist – auch wenn sich die Nachbarn über die Ruhestörung beschweren. Denn Letzteres ist ein Fall für die Ordnungsbehörden und die Polizei.

11 Gebäudefunkanlagen

In manchen Objekten mit Brandmeldeanlage befinden sich spezielle Gebäudefunkanlagen, da der Einsatzstellenfunk durch die Gebäudebauweise nur eingeschränkt funktioniert. Eine Gebäudefunkanlage ist ein vorbereitetes Funksystem mit im Gebäudeinneren liegenden Antennen, das in der Regel auf einem speziellen Funkkanal bzw. Digitalfunkgruppe betrieben wird. Ein spezielles Feuerwehr-Gebäudefunkbedienfeld ist genormt. Eine grüne LED zeigt die Aktivierung des Feuerwehr-Gebäudefunkbedienfeldes an.

Gebäudefunkanlagen werden oft bei Auslösung der BMA automatisch aktiviert; es gibt jedoch auch Anlagen, die durch die Feuerwehr bei Bedarf manuell in Betrieb genommen werden müssen (diese Möglichkeit muss bei allen Anlagen grundsätzlich bestehen, falls die Brandfallsteuerung der BMA nicht funktioniert). Nach Einsatzende müssen die Gebäudefunkanlagen am Feuerwehr-Gebäudefunkbedienfeld über einen Taster deaktiviert werden (möglich sind auch Schlüsselschalter mit Feuerwehrschließung bei älteren Anlagen). Dabei ist zu beachten, dass zunächst die BMA zurückgestellt werden muss, bevor die Gebäudefunkanlage per »Aus«-Taster am Feuerwehr-Gebäudefunkbedienfeld deaktiviert werden kann.

Merke:

Feuerwehr-Gebäudefunkanlagen sind für spezielle Funkkanäle bzw. Gruppen im Digitalfunk programmiert, sodass die Handsprechfunkgeräte zu Beginn des Einsatzes auf diese Kanäle/Gruppen umgestellt werden müssen. Diese Kanäle sind je nach Bundesland einheitlich festgelegt. Zu beachten ist, dass die Verkehrsart im Analogfunk häufig auf »bedingtes Gegensprechen« umgeschaltet werden muss – wofür nicht alle Typen der Handsprechfunkgeräte ausgelegt sind.

11.1 Bedienung des Feuerwehr-Gebäudefunkbedienfeldes

Die Feuerwehr-Gebäudefunkanlage wird entweder durch Ansteuerung durch die BMA automatisch oder durch Drücken des Tasters »Ein« am Feuerwehr-Gebäudefunkbedienfeld manuell eingeschaltet. Dabei werden alle programmierten Funkkanäle bzw. Digitalfunk-Gruppen aktiviert. Dauerlicht der grünen LED neben dem Taster »Ein« zeigt die Aktivierung der Gebäudefunkanlage an. Über den Taster »Aus« kann die Gebäudefunkanlage – nach Rückstellung der BMA – ausgeschaltet werden. Dabei werden alle programmierten Funkkanäle bzw. Digitalfunk-Gruppen deaktiviert.

Merke:

Die manuelle Abschaltung der Gebäudefunkanlage über den Taster »Aus« deaktiviert gleichzeitig alle programmierten Funkkanäle bzw. Digitalfunk-Gruppen.

Bild 54: ① *Anzeige der Betriebsbereitschaft des Feuerwehr-Gebäudefunkbedienfeldes*
② *Anzeige von Störungen (zum Beispiel Ausfall der Stromversorgung und/oder der Sende- und Empfangseinrichtung der Gebäudefunkanlage) der Feuerwehr-Gebäudefunkanlage*
③ *Taster »Ein« zum manuellen Einschalten der Gebäudefunkanlage. Es werden alle programmierten Funkkanäle/Digitalfunk-Gruppen gleichzeitig eingeschaltet.*
④ *Taster »Aus« zum Ausschalten der Gebäudefunkanlage. Es werden alle programmierten Funkkanäle/Digitalfunk-Gruppen gleichzeitig ausgeschaltet.*

12 Löschanlagen

In manchen Objekten sind ortsfeste Löschanlagen vorhanden, deren Auslösung von der BMA registriert und gemeldet wird. Von daher muss bei einem »Einsatz Brandmeldeanlage« auch immer von der Auslösung einer ortsfesten Löschanlage ausgegangen werden. Im Folgenden werden die am häufigsten vorkommenden Löschanlagen in Grundzügen mit Verweisen auf die Einsatztaktik vorgestellt. Bewusst wird nicht auf die technische Komplexität und einzelne Baumerkmale der Anlagen eingegangen, da diese für den Feuerwehreinsatz in der Regel nicht relevant sind.

12.1 Sprinkleranlagen

Sprinkleranlagen sind ortsfeste automatische Wasserlöschanlagen. Eine Sprinkleranlage ist dazu bestimmt, einen Brand selbstständig zu entdecken, Alarm auszulösen und die Flammen bis zum Eintreffen der Feuerwehr unter Kontrolle zu halten; aber die Sprinkleranlage ist nicht dazu konzipiert, den Brand zu löschen. Dies muss die Feuerwehr durch die Vornahme von Strahlrohren tun.

Merke:

Eine Sprinkleranlage kann einen Brand nicht löschen. Es ist davon auszugehen, dass trotz ausgelöster Sprinkleranlage ein Löschangriff der Feuerwehr erforderlich ist.

Eine Sprinkleranlage besteht im Wesentlichen aus einem an die öffentliche Wasserversorgung angeschlossenem Löschwasserbehälter, einer von einem Diesel- oder Elektromotor angetriebenen Sprinklerpumpe, einer Alarmventilstation, dem fest verlegtem Rohrnetz mit aufgesetzten Sprinklern, teilweise Absperrhähnen und/oder Flussschaltern in den Sprinklerrohrleitungen, Sprinkler-Alarmglocken sowie teilweise einer Einspeisevorrichtung für die Feuerwehr. Der Löschwasserbehälter, die Sprinklerpumpe und die Alarmventilstation sind in der Regel in der Sprinklerzentrale zusammengefasst. Hierbei handelt es sich um einen Raum, in dem auch ein Funktionsschema der jeweiligen Sprinkleranlage angebracht sein soll.

Sprinkleranlagen gibt es in vier verschiedenen Arten, z. B. als Nassanlage mit ständig mit Wasser gefüllten Rohrleitungen oder als Trockenanlage (meist mit Druckluft oder Inertgas gefüllte Rohrleitungen; nach Entweichen der Luft/des Gases strömt erst Wasser nach) oder als Kombination zwischen beiden Arten. Feuerwehrtechnisch sind die Anlagen gleich zu betrachten. Lediglich die so genannte vorgesteuerte Anlage, die mit automatischen Meldern der BMA kombiniert ist, ist unterschiedlich. Das Öffnen eines Sprinklers allein bewirkt bei diesem Typ noch kein Öffnen der Alarmventilstation; diese öffnet erst nach dem zusätzlichen Auslösen eines automatischen Melders, sodass die Sprinklerrohrleitung mit Wasser gefüllt wird. Die Brandbekämpfung erfolgt jedoch erst, wenn das Auslöseelement am Sprinklerkopf durch Temperatur ausgelöst wird.

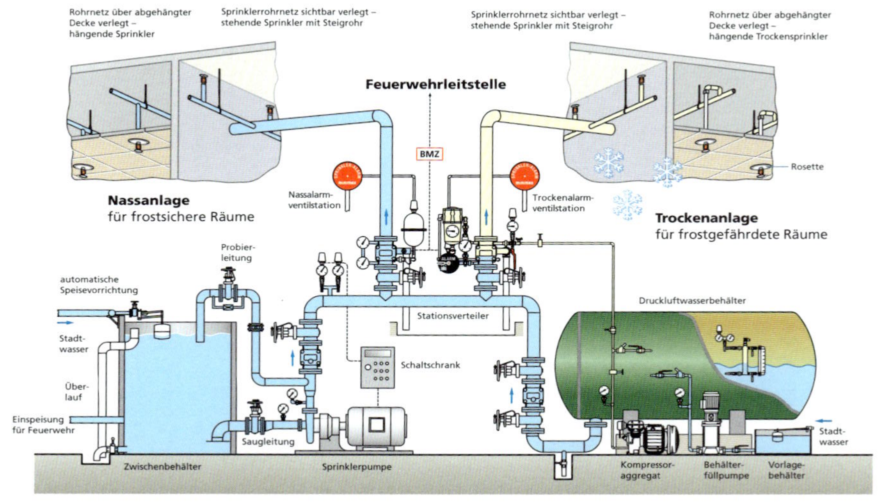

Bild 55: ***Aufbau einer Sprinkleranlage (Grafik: Minimax GmbH & Co. KG)***

Bild 56: *Blick in eine Sprinklerzentrale. Zu erkennen sind drei Nassalarmventilstationen.*

Bild 57: *Detailansicht einer Nassalarmventilstation (rotes Handrad) und einer Sprinklerpumpe (blaues Handrad)*

Die Funktionsweise einer Sprinkleranlage ist einfach: Im Brandfall gibt das vom Feuer erwärmte Auslöseelement des Sprinklers (Schmelzlot oder Glasfass, jeweils mit einer definierten Auslösetemperatur) den Löschwasserfluss frei, Löschwasser entweicht aus der Rohrleitung. Dadurch öffnet die Alarmventilstation und setzt die Sprinklerpumpe sowie die wasserhydraulisch betriebenen Sprinkler-Alarmglocke in Betrieb, die das Auslösen der Sprinkleranlage akustisch anzeigt. Außerdem wird die Brandmeldeanlage ausgelöst. Löschwasser strömt aus dem Vorratsbehälter nach, der über die öffentliche Wasserversorgung nachgefüllt wird. Gleichzeitig wird die BMA ausgelöst. Als Meldergruppe wird die ausgelöste Sprinklergruppe (jeweils Alarmventilstation, sowie Rohrleitung mit Sprinklern in einem Bereich) angezeigt. Die Sprinkler-Alarmglocke kann über den so genannten Alarmstophahn an der Alarmventilstation abgestellt werden, wenn dies einsatztaktisch notwendig ist.

Merke:

Bei einem Alarm durch eine Sprinkleranlage ist immer nicht nur die Sprinklerzentrale mit der Sprinklergruppe und ggf. Unterzentralen zu kontrollieren, sondern der gesamte durch die Sprinklergruppe abgedeckte Schutzbereich.

Aufgrund der Funktionsweise der Sprinkleranlage muss immer von einem Realbrand beim Auslösen einer Sprinkleranlage ausgegangen werden. Von daher sollte der Angriffstrupp immer unter Pressluftatmer mit Schlauchtragekörben und (Hohl-)Strahlrohr vorgehen.

Bild 58 und 59: ***links: Sprinkler-Alarmglocken***
rechts: Beispiel für einen Alarmstophahn am Nassalarmventil. Damit können die Sprinklerglocken bei Bedarf abgestellt werden.

Zur Druckerhöhung im Sprinklersystem ist es möglich, dass die Feuerwehr Löschwasser über die Feuerwehr-Einspeiseeinrichtung in die Sprinkleranlage pumpt (die Einspeisung erfolgt dabei direkt in das Leitungsnetz und nicht in den Löschwasser-Vorratsbehälter, um zum Beispiel einen Ausfall der Sprinklerpumpe kompensieren zu können). Dies muss jedoch jeweils im Einzelfall vom Einsatzleiter angeordnet werden. Bei der Einspeisung ist es durch die Druckerhöhung möglich, dass beim Vorhandensein einer Ringleitung in der Sprinkleranlage weitere Sprinklergruppen auslösen.

Merke:

Die Feuerwehr-Einspeisung von Löschwasser in eine Sprinkleranlage muss immer der Einsatzleiter anordnen, da durch die erfolgte Druckerhöhung weitere Sprinklergruppen auslösen können.

In den Normen und VdS-Richtlinien wird die Feuerwehr-Einspeiseeinrichtung nicht mehr empfohlen, sodass es auch Sprinkleranlagen ohne diese Einrichtung gibt. Lediglich bei selbsttätigen Löschhilfeanlagen nach VdS-CEA 4001, welche den Zeitraum zwischen der Alarmierung und dem Beginn des Löscheinsatzes der Feuerwehr überbrücken sollen, wird die Feuerwehr-Einspeiseeinrichtung explizit gefordert, hier allerdings mit der Einspeisung in den Löschwasser-Vorratsbehälter.

Bild 60: ***Feuerwehr-Einspeiseeinrichtung***

Eine Untersuchung in den USA untermauert zwar die Erhöhung der Löscheffektivität bei der Nutzung der Feuerwehr-Einspeisung (Hummel, 1998). Da das System jedoch direkt in die Rohrleitungen der Sprinkleranlagen einspeist, besteht die Gefahr, dass es zum Auslösen weiterer Sprinkler kommt und so der Wasserschaden vergrößert wird. Die Feuerwehr-Einspeisung kann gut bei einem Ausfall der Wasserversorgung der Sprinkleranlage (sei es durch einen leeren/defekten Löschwasser-Vorratsbehälter, den Ausfall der Sprinklerpumpe oder einen Rohrbruch in der Anschlussleitung an die öffentliche Wasserversorgung) genutzt werden. Der Einspeisedruck sollte einen Betriebsdruck von 10 bar in den Sprinklergruppen nicht überschreiten (Hummel, 1998).

Je nach Lage (insbesondere dem Brandgut) kann über die Feuerwehr-Einspeisung auch ein Wasser-Schaummittel-Gemisch in die Sprinkleranlage eingespeist werden, um den Löscherfolg zu verbessern. Es ist allerdings zu beachten, dass das Löschmittelgemisch im Sinne einer Löschwasserrückhaltung aus Umweltschutzgründen aufzufangen ist und im Anschluss an die Löscharbeiten alle Sprinklerleitungen intensiv mit Wasser gespült werden müssen, um Korrosion zu vermeiden.

Hinweise zum Vorgehen beim Auslösen einer Sprinkleranlage

1. BMA auswerten, Laufkarte entnehmen (Vorgehen wie bei BMA-Alarm; Angriffstrupp mit PA, Schlauchtragekörben und [Hohl-]Strahlrohr).
2. Schutzbereich der ausgelösten Sprinklergruppe kontrollieren.

3. Bei Brand: Brandbekämpfung aufnehmen, Sprinkler trotz möglichem Wasserschaden nicht abstellen.
4. Parallel Sprinklerzentrale besetzen.
5. Bei Fehlalarm/kein Brand/gelöschtem Feuer: Unverzüglich Sprinklergruppe in der Sprinklerzentrale abstellen (siehe Punkt 7).
6. Allein der Einsatzleiter bestimmt, wann die Sprinkleranlage abgestellt wird. Dies darf erst erfolgen, wenn der Brand unter Kontrolle ist. Um sicherzustellen, dass kein Unbefugter (z. B. »übereifriger« Betriebsangehöriger) die Sprinkleranlage zu früh abstellt, sollte sofort nach dem Eintreffen neben der BMZ auch die Sprinklerzentrale mit einem mit Funk ausgerüstetem Feuerwehrangehörigen besetzt werden. Dieser darf die Sprinklerzentrale erst auf Befehl des Einsatzleiters verlassen.
7. Abstellen der Sprinklergruppe: In der Sprinklerzentrale wird die Alarmventilstation geschlossen und anschließend die Sprinklerpumpe abgestellt. Sind die Handräder der Alarmventilstation durch eine Kette o. Ä. in der offenen Stellung gesichert, muss ggf. diese Sicherung (gewaltsam) entfernt werden, um die Alarmventilstation zu schließen. Ggf. Rohrleitung durch Stopfen verschließen.
8. Ein sofortiges Öffnen der Entleerung bzw. das Schließen von Absperrhähnen in der Sprinklerleitung verhindert das Nachlaufen von Wasser und begrenzt so einen Wasserschaden.
9. Rauch- und Wärmeabzugsanlagen sollten erst nach dem Auslösen der Sprinkler geöffnet werden, weil sonst die Auslösetemperatur der Sprinkler nicht erreicht wird; die Brandgase werden jedoch abgekühlt und bilden mangels

Thermik eine diffuse Verrauchung (dies ist jedoch lageabhängig; bei einem Kleinfeuer macht es z. B. anders herum Sinn).

10. Zum Schluss wird die Anlage dem Sprinklerwart des Betreibers bzw. der verantwortlichen Person des Betreibers übergeben.

Bild 61: ***Ein mit Funk ausgerüsteter Feuerwehrangehöriger sollte so früh wie möglich die Sprinklerzentrale aufsuchen.***

Merke:

Nur das Abschalten der Sprinklerpumpe reicht zum Abstellen der Sprinkleranlage nicht aus. Es ist immer die Alarmventilstation nach der Anweisung des Einsatzleiters zu schließen.

Bild 62: ***Die Alarmventilstation wird erst auf Anweisung des Einsatzleiters abgestellt, indem das Handrad zugedreht wird.***

Nach dem Schließen der Alarmventilstation ist der entsprechende Objektbereich nicht mehr geschützt, und es findet auch keine Brandfrüherkennung mehr statt. Dies muss dem Betreiber bei der Übergabe der Einsatzstelle deutlich mitgeteilt und sollte auch im Einsatzbericht dokumentiert werden. Für den Austausch des Auslöseelements im Sprinkler, die Anlagenentleerung sowie die Wiederinbetriebnahme der Sprinkleranlage ist allein der Betreiber verantwortlich; dies ist nicht Aufgabe der Feuerwehr!

12.1.1 Hinweise zu Fehlalarmen bei Sprinkleranlagen

Auch bei Sprinkleranlagen kann es zu Fehl- und/oder Täuschungsalarmen kommen. Dabei sind zwei Ursachen zu unterscheiden:

- **Täuschungsalarm:** Ursache für die Sprinklerauslösung ist kein Schadenfeuer, sondern ein externer Einfluss, z. B. abgeschlagener Sprinklerkopf (z. B. durch Gabelstapler), Rohrbruch, extreme Wärmeeinwirkung im Sommer, Frostschäden oder Unfug. Hierbei tritt in der Regel Wasser aus dem Sprinkler aus.
- **Fehlalarm:** Fehlerhafte Auslösung in der Alarmventilstation infolge eines plötzlichen Druckanstiegs im öffentlichen Wasserversorgungsnetz. Dabei wird die Klappe der Alarmventilstation kurzzeitig bewegt und so Alarm ausgelöst. Hierbei strömt kein Wasser aus einem Sprinkler aus; zudem sind nicht die typischen Wasser-Strömungsgeräusche an der Alarmventilstation zu hören.

Bild 63: ***Absperrhahn in einer Sprinklerleitung***

Übrigens, der Verschluss eines Wasser abgebenden Sprinklers mittels eines Holzstopfens ist in der Regel erfolglos. Lediglich bei drucklosen Sprinkleranlagen nach dem Abstellen der Sprinklerpumpe und dem Schließen der Alarmventilstation kann damit ein Leerlaufen der noch gefüllten Rohrleitung und damit ein größerer Wasserschaden verhindert werden.

Ein Wasserschaden kann durch ein sofortiges Schließen von Absperrhähnen (oder – sofern vorhanden – Betätigung des

Flussschalters, der das Rohrnetz begrenzt) in den betroffenen Sprinklerleitungen oder das Öffnen der Entleerung der Sprinklergruppe nach dem Ende der Brandbekämpfung begrenzt werden.

Merke:

Hat der Einsatzleiter die Abstellung der Sprinkleranlage an der Alarmventilstation befohlen, sind immer auch die Sprinklerpumpe außer Betrieb zu nehmen, die Entleerung zu öffnen sowie – sofern vorhanden – die Absperrhähne zu schließen.

12.2 Gaslöschanlagen

Ortsfeste Gaslöschanlagen kommen vor allem in Bereichen zur Anwendung, in denen entweder keine Löschmittelrückstände auftreten dürfen (z. B. EDV, Telekommunikation) oder in denen Wasser aufgrund der Eigenschaften des Brandgutes nicht eingesetzt werden darf (z. B. Gefahrstofflager). Neben sehr speziellen Löschanlagen mit diversen Gaslöschmitteln unterschiedlicher Zusammensetzung, gibt es vor allem Kohlenstoffdioxidlöschanlagen (CO_2-Löschanlagen), die nicht nur sehr weit verbreitet sind, sondern von denen im Einsatz erhebliche Gefahren für die eingesetzten Kräfte ausgehen. Von daher werden im Folgenden ausschließlich die Kohlenstoffdioxidlöschanlagen beschrieben.

12.2.1 Technik der Kohlenstoffdioxidlöschanlage

Je nach Größe des zu schützenden Objektbereiches kommen Hochdruck- oder Niederdruck-Anlagen zum Einsatz. Bei Hochdruck-Anlagen wird Kohlenstoffdioxid unter Druck verflüssigt in mehreren 30-kg-Druckgasflaschen gelagert. Die maximale Lagermenge beträgt bis zu zirka 3 000 kg. Werden aufgrund des Objektes größere Löschmittelmengen benötigt, kommen Niederdruck-Anlagen zur Anwendung. Die tiefkalt unter Druck verflüssigte Lagermenge beträgt je nach Anlagenkonstruktion und Löschbereich bis zu rund 100 Tonnen Kohlenstoffdioxid.

Beide Anlagentypen arbeiten im Wesentlichen gleich: Durch eine in der Regel erfolgte Kopplung der Kohlenstoffdioxidlöschanlage an eine BMA erkennt ein automatischer Melder der BMA ein Schadenfeuer und löst Alarm aus (es ist jeweils auch eine manuelle Auslösung über eine so genannte Handauslösung möglich). Zeitgleich steuert die BMA im Rahmen der Löschanlagensteuerung auch die elektrische Hupe und eine eventuell vorhandene Blitzleuchte als Warneinrichtungen für im Löschbereich befindliche Menschen an und löst diese aus. Weiterhin wird das Alarmventil (bei Niederdruck-Anlagen) oder das elektrische Ventil der Alarm- und Steuerflasche (bei Hochdruckanlagen) ausgelöst, sodass eine zusätzliche pneumatische Warnhupe auslöst. Nun ist die Löschanlage aktiviert.

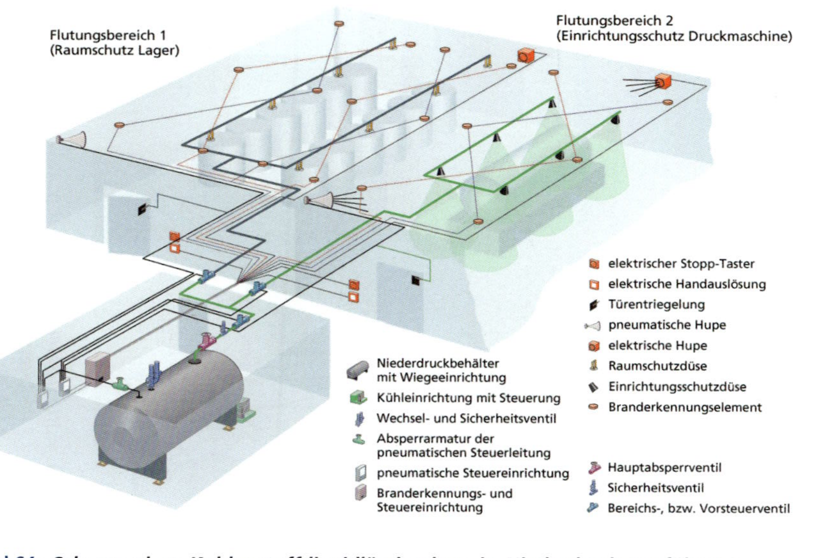

Bild 64: ***Schema einer Kohlenstoffdioxidlöschanlage in Niederdruck-Ausführung (Grafik: Minimax GmbH & Co. KG)***

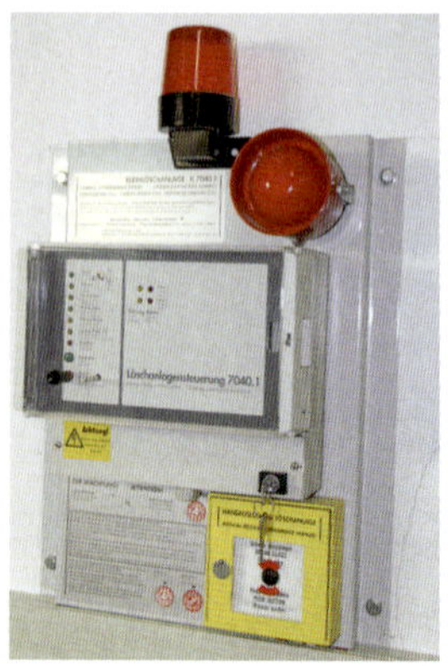

Bild 65: ***Steuerung einer CO_2-Löschanlage***

Bild 66: ***Aufbau einer Hochdruck-CO_2-Löschanlage: ① Druckgasflaschen, ② Verzögerungseinrichtung, ③ Alarm- und Steuerflasche, ④ Löschanlagensteuerung***

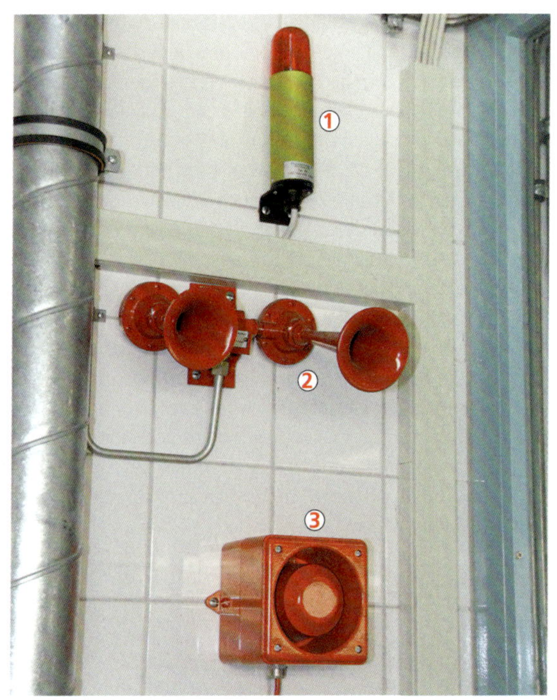

Bild 67: *Warneinrichtungen bei einer Hochdruck-CO_2-Löschanlage: ① Blitzleuchte, ② pneumatische Hupe, ③ elektrische Hupe*

Die jetzt beginnende Vorwarnzeit von mindestens zehn Sekunden soll im Löschbereich befindliche Personen die Eigenrettung ermöglichen. Nach Verstreichen der Vorwarnzeit löst die Löschanlage aus (bei Hochdruckanlagen öffnen Schnellöffnungsventile die Druckgasflaschen, bei Niederdruckanlagen öffnet das Bereichsventil, das nach einer Flutungszeit von üblicherweise 120 Sekunden wieder geschlossen wird), und Kohlenstoffdioxid strömt in den Löschbereich ein.

Um das Ausströmen des Löschgases zu stoppen, kann während der Vorwarnzeit am oder im Löschbereich der Stopptaster gedrückt werden. Damit ist die Löschanlage zwar inaktiv, Kohlenstoffdioxid strömt also nicht in den Löschbereich ein. Die Anlage ist jedoch nicht »zurückgesetzt«. Das bedeutet, sobald der Stopptaster losgelassen wird (und die Vorwarnzeit von mindestens zehn Sekunden bereits abgelaufen ist – die Zeit zählt auch während des Drückens des Stopptasters), strömt sofort Löschmittel in den Bereich ein; eine zweite Unterbrechung ist nicht möglich.

Merke:

Ein einmal ausgelöster Stopptaster muss ständig gedrückt werden (Achtung bei Menschenrettung!), da sonst der Löschvorgang ausgelöst wird. Dies kann Gefahren für die im Objekt anwesenden Personen und die Einsatzkräfte auslösen.

Die Feuerwehr wird aufgrund der Anfahrtszeit zur Einsatzstelle vermutlich nur selten mit einer ausgelösten Verzögerungsfunktion bzw. einem Stopptaster konfrontiert werden.

Das Löschgas muss innerhalb von einer Minute in den Raum geströmt sein und dort mindestens zehn Minuten in der berechneten Konzentration verbleiben. Die erforderliche Löschgaskonzentration beträgt zwischen 30 und 60 Vol.-% CO_2; eine häufig gewählte Konzentration liegt bei 34 Vol.-% CO_2. Beim Einströmen von Kohlenstoffdioxid in den Löschbereich strömt ein Luft-Löschgas-Gemisch aus dem Löschbereich heraus. Es ist zulässig, dass bis zu 30 % der Löschmittelmenge aus dem Löschbereich über die Druckentlastungsöffnungen entweichen (Lage der Druckentlastungsöffnungen bei der Fahrzeugaufstellung beachten; Fahrzeug nicht im Bereich der Klappen halten lassen!). In der Praxis sind zudem Fälle aufgetreten, in denen Kohlenstoffdioxid auch aus anderen Gebäudeöffnungen sowie der Lüftungsanlage ausgetreten ist.

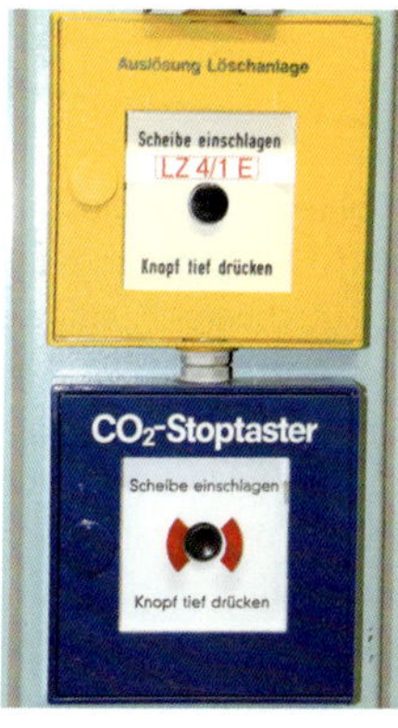

Bild 68: ***Beispiel für einen Stopptaster der CO_2-Löschanlage. Darüber ist hier eine Handauslösung der Löschanlage angeordnet.***

Merke:

Löschanlagen können mit einer Zweimelder- bzw. Zweimeldungsabhängigkeit gesteuert werden. Das bedeutet, dass die Feuerwehr durch einen ausgelösten Melder der BMA in das Objekt mit einer Löschanlage zwar alarmiert wurde, die Löschanlage an sich jedoch nicht ausgelöst hat. Löst während der Erkundung durch die Einsatzkräfte ein zweiter Melder aus, wird die Löschanlage aktiviert und Löschgas tritt aus! Dies bedeutet eine erhebliche Gefahr für die Einsatzkräfte! Im Rahmen der Erkundung in Objekten mit Gaslöschanlagen sollten daher alle vorgehenden Einsatzkräfte mit Pressluftatmern ausgerüstet sein (auch der Einheits-/Gruppenführer!)!

12.2.2 Einsatztaktische Hinweise

Eine Kohlenstoffdioxid-Löschanlage ist so konzipiert, dass der Brand im Löschbereich selbstständig gelöscht wird.

Gefahren

Der Löscheffekt beruht bei Kohlenstoffdioxidlöschanlagen in der Verdrängung des Sauerstoffs der Umgebungsatmosphäre; der Sauerstoffanteil sinkt im Löschbereich auf weniger als 15 Vol.-% (eine Sauerstoffkonzentration ≤ 13 % ist üblich). Das geruchslose Kohlenstoffdioxid ist ein Atemgift der Gruppe 3 mit Wirkung auf Blut, Nerven und Zellen. Beim Atmen in einer Atmosphäre mit einer erhöhten Konzentration von Kohlenstoffdioxid steigt der normale Anteil von rund 4 Vol.-% Kohlenstoffdioxid in der menschlichen Ausatemluft an. Die Folge ist eine immer schnellere Atemfrequenz mit einer immer schlechteren Sauerstoffversorgung der Körperzellen. Dies wiederum führt zu Bewusstseinsstörungen. Bei einer Konzentration ab etwa 15 Vol.-% CO_2 ist die Atemfrequenz so hoch, dass akute Lebensgefahr durch den Zusammenbruch der vegetativen Herz-/Kreislauf-Steuerung (Bewusstlosigkeit, Lähmungen, Tod) bestehen kann. Aufgrund der vom Löschgas ausgehenden Gefahren wird Kohlenstoffdioxid in Löschanlagen oft odoriert (also mit einem Geruchsstoff versehen); dies ist jedoch nicht zwingend vorgeschrieben. Ungewöhnliche Gerüche deuten also auf eine ausgelöste Gaslöschanlage und eine entsprechende Gasausbreitung hin.

Kohlenstoffdioxid ist schwerer als Luft und kann sich auch gegen die Windrichtung am Boden ausbreiten. Daraus ergeben sich für Menschen die Gefahren Atemgift, Angstreaktion, Ausbreitung und Erkrankung/Verletzung. Für die Einsatzkräfte sind insbesondere die Gefahr des Atemgiftes und die Gefahr der Ausbreitung relevant. Tiefkaltes Kohlenstoffdioxid kann Erfrierungen bei den Einsatzkräften und Vereisungen der Lungenautomaten der Pressluftatmer hervorrufen.

Durch das austretende Löschgas kann es zu einer extremen Sichtbehinderung infolge der Kondensatbildung kommen. Aufgrund der aktivierten Warneinrichtung und der Ausströmgeräusche der Löschanlage ist es möglich, dass keine Verständigung mit vorgehenden Trupps besteht. Die pneumatische Warnhupe kann manuell abgeschaltet werden; die elektrische Warnhupe ist in der Regel nur an der Löschzentrale abschaltbar.

Merke:

Bei der Erkundung nicht auf die Anzeige »Löschanlage ausgelöst« am FBF vertrauen. Je nach Programmierung der BMA leuchtet diese Anzeige auch beim Auslösen einer Löschanlage nicht!

Bild 69: ***Warnschilder weisen auf eine CO_2-Löschanlage hin.***

Auch Warnschilder oder ein Schild »CO_2-Löschanlage«, ähnlich DIN 4066 (wie das Schild »BMZ«), weisen auf vorhandene Kohlenstoffdioxidlöschanlagen hin. Außerdem sind die Löschanlagen in Feuerwehrplänen (sofern vorhanden) eingezeichnet.

Das Ausströmen des Löschmittels kann mittels der mechanischen Blockiereinrichtung der Löschanlage verhindert werden.

Hinweise zum Vorgehen beim Auslösen einer Kohlendioxidlöschanlage

1. Anfahrt mit dem Wind (ggf. bei Leitstelle erfragen!).
2. Objektinformation durch Feuerwehrplan.
3. Bei Fahrzeugaufstellung Topografie, Anordnung der Druckentlastungsklappen des Objekts und Abstand (v.a. bei Niederdruck-Anlagen) beachten (Fahrzeuge nicht in Senken oder Täler, die dicht am Objekt liegen, stellen).
4. Bei Erkundung auf Nebelschlieren über Dach und an Wänden des Objektes achten, da dies ein Hinweis auf die Auslösung der Löschanlage ist. Einsatzkräfte auf ausgelöste Löschanlage und Gefahren hinweisen.
5. Erkundung immer unter angeschlossenem PA, auch in die BMZ! Posten in der BMZ muss ebenfalls PA tragen!
6. Messungen durchführen!
7. Ggf. Löschbereich unter PA auf Personen kontrollieren (Gefahr durch Vereisung!).
8. Erkundung des Gesamtobjekts (Dichtigkeit?) und ggf. der Umgebung auf Auswirkungen (auch Gruben und Schächte beachten).
9. Lüften des Löschbereiches erst nach Rückmeldung »Feuer aus« und umfassender Lagebeurteilung.

Gasausbreitung

Bei ausgelösten Kohlenstoffdioxidlöschanlagen ist besonderes Augenmerk auf Undichtigkeiten des Löschbereiches zu legen. Dies können sein: durch Firmenangehörige geöffnete Rolltore, durch vorgehende Trupps (Schlauchleitung) geöffnete Türen, bauliche Unzulänglichkeiten des Objektes. Die BMZ ist bei Objekten mit Gaslöschanlagen kein sicherer Bereich, sodass dort umluftunabhängiger Atemschutz getragen werden muss. Aufgrund der möglicherweise unklaren Ausbreitung des Gases in andere Gebäude- bzw. Löschbereiche hinein, ist eine umfassende Erkundung und Lagebeurteilung erforderlich. Im Zweifel sind das komplette Objekt, je nach Wetter- und Einsatzlage sowie Topografie auch das ganze Gelände und ggf. sogar die Umgebung räumen zu lassen. Dabei Eigenschutz beachten! Das Löschgas darf nicht unplanmäßig in weitere Bereiche gelangen bzw. dorthin abgeleitet werden. Bei Lüftungsmaßnahmen ist die Ausbreitung des Gases abzuschätzen und ggf. der Bereich zu räumen. Dabei ist v. a. auch an die eigenen Kräfte im Bereitstellungsraum zu denken. Lüftungsmaßnahmen können mit feuerwehreigenen Überdruckbelüftern unterstützt werden.

Freimessung

Ist bei einem Einsatz eine Kohlendioxidlöschanlage ausgelöst worden, muss ein umfangreicher Messeinsatz im/am Gebäude sowie ggf. in der Umgebung zur Gefährdungsabschätzung erfolgen. Nach Einsatzende sollte im Gebäude eine »Freimessung« durchgeführt werden. Dabei ist zu beachten, dass die Messung der Sauerstoffkonzentration allein nicht ausreicht. Vielmehr ist die Konzentration an Kohlenstoffdioxid ausschlaggebend. Während die Sauerstoffkonzentration zwischen 17 und 21 Vol.-% (die DGUV-Regel 105-001, bisher BGR 134, gibt mindestens 15 Vol.-% an) liegen muss, liegt die Freigabe der Einsatzstelle im Ermessen des Einsatzleiters in Absprache mit den Ordnungsbehörden sowie ggf. weiterer Ämter. Eine Richtschnur gibt Tabelle 1. Je nach körperlicher Konstitution können bereits ab einer Kohlenstoffdioxid-Konzentration von etwa 1 bis 5 Vol.-% Kopfschmerzen und Schwindel auftreten. Konzentrationen größer als etwa 15 Vol.-% können zu Lähmungen und zum Tod führen.

Sollte die CO_2-Konzentration im Gebäude nach Abschluss der (Lösch-)Arbeiten aufgrund der Messergebnisse zu hoch sein, muss das Objekt ggf. belüftet werden (Atemschutz tragen!). Zudem ist die Umgebung (insbesondere Senken, Nachbargebäude und tieferliegende Bereiche) hinsichtlich der CO_2-Konzentration zu kontrollieren.

Tabelle 1: ***Richtwerte für die CO_2-Konzentration***

Wert	**Konzentration**
DGUV-Regel 105-001 (BGR 134)	< 50 000 ppm (= < 5,0 Vol.-%) bei mindestens 15 Vol.-% Sauerstoff-Konzentration
Menschliche Ausatemluft	ca. 40 000 ppm (= 4,0 Vol.-%)
Einsatztoleranzwert (ETW)	10 000 ppm (= 1,0 Vol.-%)
Arbeitsplatzgrenzwert (AGW)	5 000 ppm (= 0,5 Vol.-%)
hygienischer Innenraumrichtwert (DIN 1946-2 [zurückgezogen])	1 500 ppm (= 0,15 Vol.-%)
Pettenkoferzahl (lufthygienisch »behaglicher« Bereich)	1 000 ppm (= 0,1 Vol.-%)

Merke:

Entscheidend ist die Konzentration an CO_2. Die Sauerstoffkonzentration in einem Objekt kann unkritisch sein, während eine gefährliche CO_2-Konzentration vorhanden ist. Daher ist immer der CO_2-Anteil in der Atmosphäre zu messen!

13 Feuerwehrplan

Bei Objekten, die über eine BMA verfügen, existiert in der Regel ein Feuerwehrplan nach DIN 14095. Dieser ist nicht mit einem Feuerwehreinsatzplan zu verwechseln. Der Feuerwehreinsatzplan basiert zwar oft auf einem Feuerwehrplan, enthält aber in großem Umfang weitere taktische Angaben wie Feuerwehraufstellflächen, Angaben zur Löschwasserversorgung oder Anleiterstellen.

Merke:

Ein Feuerwehrplan ist nicht mit einem Feuerwehreinsatzplan zu verwechseln.

Der Feuerwehrplan dient dem Einsatzleiter bei größeren oder besonders brandgefährdeten Objekten zur schnellen Orientierung sowie zur besseren Erfassung der Lage und der Einsatzschwerpunkte. Der Feuerwehrplan enthält Angaben über die Nutzung und die Größe von Gebäuden sowie über Brandabschnitte, Brandwände, Öffnungen und Durchbrüche in Wände und Decken, die Lage von Treppenräumen und Aufzügen, Rettungswegen, Löschanlagen sowie besondere Gefahren.

Neben allgemeinen Textinformationen zum Objekt (Objektinformationen) enthält der Feuerwehrplan immer einen Übersichtsplan über das Gesamtobjekt und Detailpläne für alle Geschosse (sogenannte Geschosspläne). Je nach Objekt können auch Sonderpläne wie Anfahrtsplan, Umgebungsplan, weitere Detailpläne und ein Abwasserplan notwendig werden.

Die verwendeten Symbole sind genormt und werden im Plan in einer Legende erläutert. Örtliche Abweichungen der Symbole sind jedoch möglich.

Bild 70: ***Der Einsatzleiter sollte – sofern vor Ort – immer kundige Firmenangehörige zur Beratung beim Auswerten des Feuerwehrplanes hinzuziehen.***

Vor allem der Übersichtsplan und die Objektinformationen sind für den Einsatzleiter relevant, weil er dort in komprimierter Form alle Gefahren dargestellt bekommt und auf Besonderheiten im Objekt hingewiesen wird. Ein besonderes Augenmerk verdienen dabei die mittels Symbolen bzw. als rote Fläche dargestellten Gefahren sowie Zugänge zum Gebäude. Im Übersichtsplan sind immer auch der Hauptzugang für die

Feuerwehr sowie der Standort der BMZ, des FBF/FAT sowie des FSD/FSE dargestellt. Der Hauptzugang zu einem Objekt soll sich immer an der Unterkante des Planes befinden. Ebenfalls eingezeichnet sind der Standort eines – sofern vorhanden – Feuerwehr-Gebäudefunkbedienfeldes, ortsfeste Löschanlagen (Sprinkler, Gaslöschanlagen), Rauch- und Wärmeabzugsanlagen sowie die Brandwände, welche den Brandabschnitt begrenzen. Diese müssen seit 2007 als rote Volllinie sowie mit einem Symbol gekennzeichnet werden.

Merke:

Sofern das Objekt nicht bekannt ist, sollte sich der Einsatzleiter/Fahrzeugführer bereits während der Anfahrt mit dem Feuerwehrplan (Übersichtsplan und Objektinformationen) vertraut machen, da dies die Lagebeurteilung am Einsatzort vereinfacht und Stress verringert.

Der Feuerwehrplan wird regelmäßig an der BMZ sowie bei der gemäß der AAO zuständigen Feuerwehr vorgehalten.

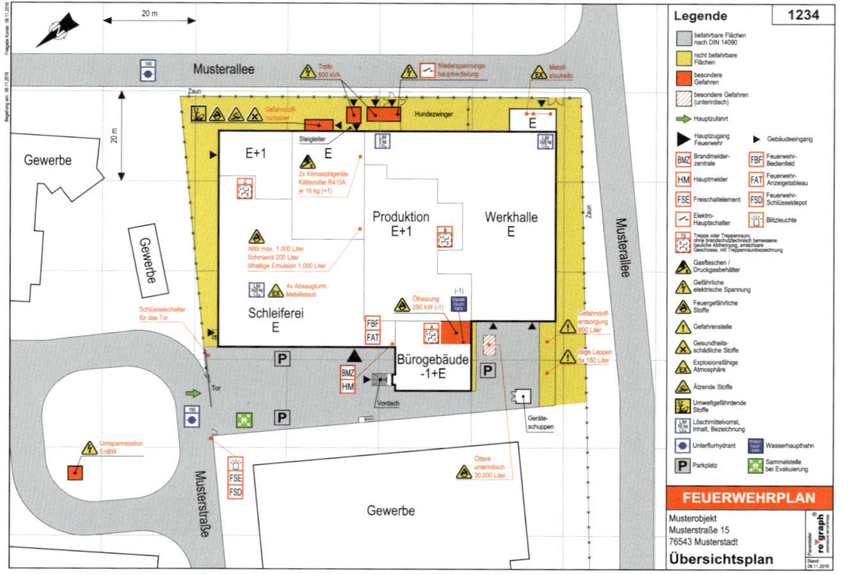

Bild 71: Beispiel für einen Übersichtsplan (Grafik: re'graph GmbH)

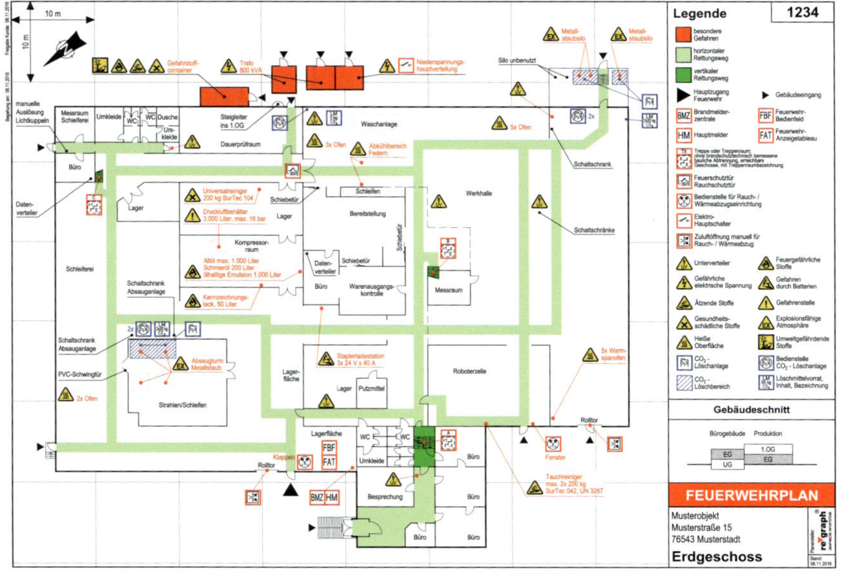

Bild 72: *Beispiel für einen Geschossplan (Grafik: re'graph GmbH)*

Abkürzungen

AAO	Alarm- und Ausrückeordnung
BMA	Brandmeldeanlage
BMZ	Brandmelderzentrale
ELW 1	Einsatzleitwagen der Größe 1
FAT	Feuerwehr-Anzeigetableau
FBF	Feuerwehr-Bedienfeld
FIZ	Feuerwehrinformationszentrale
FSD	Feuerwehr-Schlüsseldepot
FSE	Freischaltelement
FSS	Feuerwehrschlüsselschrank
KdoW	Kommandowagen
LED	Leuchtdiode
PA	Pressluftatmer
ÜE	Übertragungseinrichtung

Literatur/Quellen

Als Quellen für dieses Rote Heft dienten folgende Veröffentlichungen, die jedem Interessierten zur Vertiefung des Stoffes empfohlen werden:

AGBF NRW, LFV NRW und Institut der Feuerwehr NRW (2008): CO2-Löschanlagen – Hinweise für den Einsatzdienst, 2008.

Angst, V., Diewald, P., Lorenz, D. (2017): Feldstudie zur Digitalisierung der Feuerwehr-Laufkarte, BRANDSchutz/Deutsche Feuerwehr-Zeitung 7/2017, S. 538 ff.

AK Ausbildung, Bezirksregierung Arnsberg (2007): Vorgehen der Feuerwehr bei BMA und automatischen Löschanlagen, In: Der Feuerwehrmann, 4/2007, S. 88 ff.

Büchner, M. (2009): Sprinkleranlagen und Feuerwehr, In: Schweizerische Feuerwehr-Zeitung 5/2009, S. 32 f.

DGUV-Information 205-026 »Sicherheit und Gesundheitsschutz beim Einsatz von Feuerlöschanlagen mit Löschgasen«, Deutsche Gesetzliche Unfallversicherung, Stand: 2018.

DGUV-Regel 105-001 »Einsatz von Feuerlöschanlagen mit sauerstoffverdrängenden Gasen«, Hauptverband der gewerblichen Berufsgenossenschaften, Stand: 2004 (zurückgezogen).

DIN 14675-1:2020-01»Rrandmeldeanlagen – Teil 1: Aufbau und Betrieb«.

Finis, Reiter (2009): Hinweise zu Einsätzen in Verbindung mit Kohlenstoffdioxidlöschanlagen, Landesfeuerwehrschule Baden-Württemberg, Bruchsal, 7/2009.

Gerber, G. (2009): Brandmeldeanlagen, Hüthig & Pflaum-Verlag, 2. Auflage 2009.

Hummel, P. (1998): Einsatztaktische Maßnahmen bei baulichen Anlagen mit Sprinklerschutz, in: Schadenprisma. Zeitschrift für Schadenverhütung und Schadenforschung der öffentlichen Versicherer 4/1998, S. 4 ff.

Kircher, F. (2009): Feuerwehrschlüsseldepots und Feuerwehrschlüsselschrank, In: BRANDSchutz/Deutsche Feuerwehr-Zeitung 6/2009, S. 432 ff.

Landesfeuerwehrschule Baden-Württemberg (2003): Merkzettel Vorgehensweise bei »Melderalarm«, 2003.

Lauer, H.-G. (2003): Einheitlich und einfach: die Feuerwehr-Informationszentrale, In: BRANDSchutz/Deutsche Feuerwehr-Zeitung 4/2003, S. 290 ff.

Melioumis, M. (2012): Hinweise zum Vorgehen bei Auslösen von Brandmeldeanlagen, Lehrunterlage der Landesfeuerwehrschule Baden-Württemberg, 2012.

Siemens Schweiz AG (2005): Fire Safety Guide, 1. Auflage 2005.

Tönnemann, S. (2008): Vorgehen bei vermutlichen Fehlalarmen durch Rauchwarnmelder, In: BRANDSchutz/Deutsche Feuerwehr-Zeitung 10/2008, S. 798 ff.

VdS CEA 4001: Sprinkleranlagen, Planung und Einbau.

Wichmann, D., Fischer, D. (2014): Nutzung von fernübertragbarer BMA-Technologie, BRANDSchutz/Deutsche Feuerwehr-Zeitung 1/2014, S. 19 ff.

Info:

In der Regel können die Beiträge aus BRANDSchutz/Deutsche Feuerwehr-Zeitung unter www.kohlhammer-feuerwehr.de (Service/Ausgabenarchiv) erworben werden.